图 1.1　电磁媒质与超构媒质的 ε-μ 相空间分类

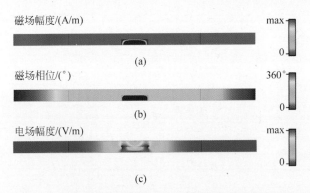

图 2.4　数值仿真得到的集成光学掺杂结构电磁场分布

（a）磁场幅度分布；（b）磁场相位分布；（c）电场幅度分布

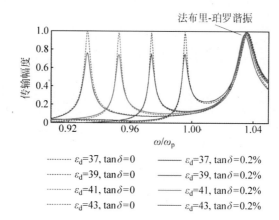

图 2.6　掺杂异质体取不同介电常数时掺杂体系的传输幅度

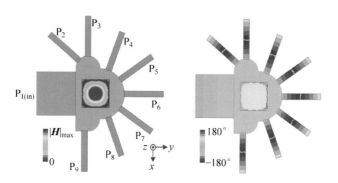

图 3.12　8 路均等分波导功分器在 5.45 GHz 的磁场幅度与相位分布

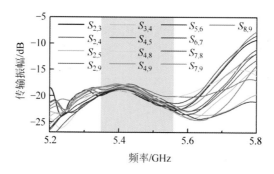

图 3.18　8 路功分器输出端口间耦合实测结果

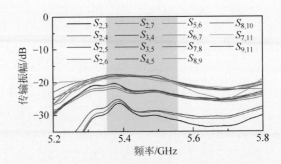

图 3. 21　10 路功分器输出端口间耦合实测结果

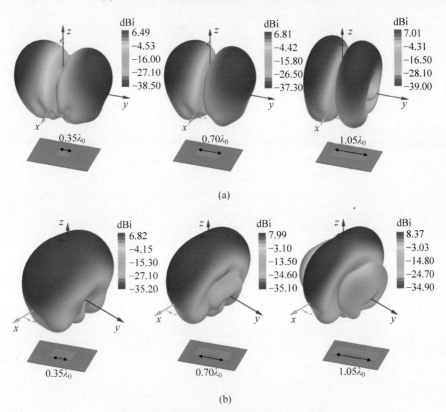

(a)

(b)

图 4. 3　波导等效 ENZ 天线的三维方向图

（a）直型 ENZ 天线对应结果；（b）平面弯折型 ENZ 天线对应结果

图 4. 11　细长型 ENZ 天线的实物图

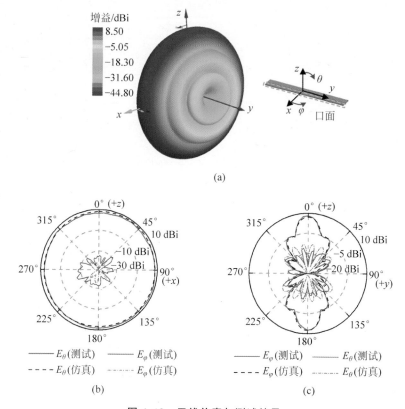

(a)

(b)

(c)

图 4.13　天线仿真与测试结果

（a）细长型 ENZ 天线的数值仿真三维增益方向图；（b）xoz 面内的仿真与测试增益；
（c）yoz 面内的仿真与测试增益

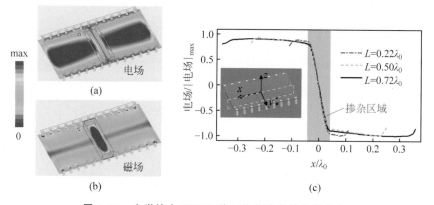

(a)

(b)

(c)

图 4.17　光学掺杂 ENZ 天线工作频率处的各类分布

（a）电场幅度分布；（b）磁场幅度分布；（c）不同口面间距情况下的天线反射系数仿真结果

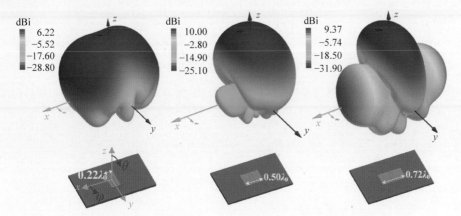

图 4.19 不同长度的光学掺杂 ENZ 天线的三维增益方向图仿真结果

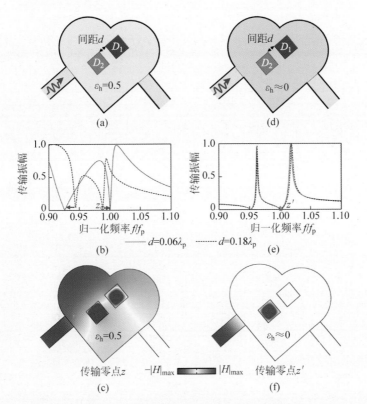

图 5.2 双掺杂异质体的响应特性分析

(a)、(b)、(c) 分别为放置在非 ENZ 背景中的双谐振器结构、传输振幅、磁场分布;

(d)、(e)、(f) 为谐振器在 ENZ 背景中的对应结果

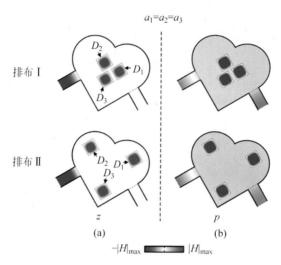

图 5.8　掺杂异质体尺寸相同、排布不同情况下的磁场分布

（a）对应传输振幅零点 z；（b）对应传输振幅极点 p

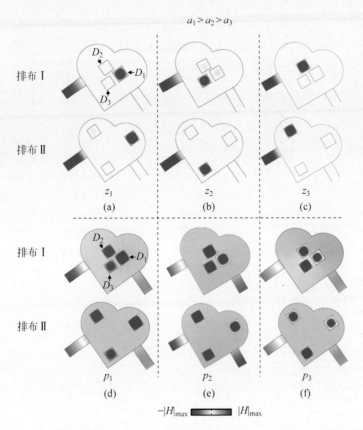

$a_1 > a_2 > a_3$

图 5.9　掺杂异质体尺寸不同、排布不同情况下的 ENZ 媒质中的磁场分布

（a）对应传输零点 z_1；（b）对应传输零点 z_2；（c）对应传输零点 z_3；
（d）对应传输极点 p_1；（e）对应传输极点 p_2；（f）对应传输极点 p_3

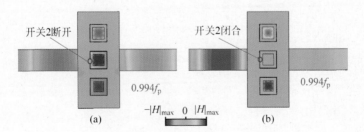

图 5.12　可重构梳状滤波器结构中截面上的磁场分布

（a）开关 2 断开状态；（b）开关 2 闭合状态

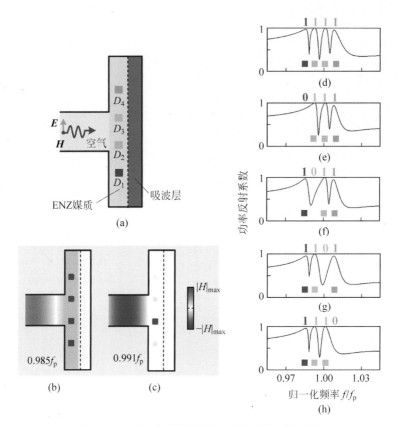

图 5.15　基于多光学掺杂的无源识别标签应用

（a）基于光学掺杂的无源识别标签的二维结构图；（b）标签低反射率状态时的磁场分布；

（c）标签高反射率状态时的磁场分布；（d）编码"1111"对应的反射谱；（e）编码"0111"

对应的反射谱；（f）编码"1011"对应的反射谱；（g）编码"1101"对应的反射谱；

（h）编码"1110"对应的反射谱

清华大学优秀博士学位论文丛书

介电常数近零媒质的
集成光学掺杂理论及应用

周子恒 (Zhou Ziheng) 著

The Theory and Applications
of Integrated Photonic Doping of Epsilon-Near-Zero Media

清华大学出版社
北京

内 容 简 介

介电常数近零(ENZ)媒质及其光学掺杂调控是近年来材料、电磁、工程领域共同关注的热点,对灵活操控电磁波具有重要意义。《介电常数近零媒质的集成光学掺杂理论及应用》一书介绍了集成化、低损耗的 ENZ 媒质及光学掺杂的理论与实现方案,并基于近零折射率特性与光学掺杂电磁调控给出了一系列电路与天线领域的关键应用。本书研究成果具有两方面的重要价值:一方面,提出了集成光学掺杂的理论,解决了近零折射率媒质与光学掺杂的损耗问题与平面集成难题;另一方面,将 ENZ 媒质的独特性质与集成光学掺杂调控引入电路、天线设计,显著提升了器件的几何结构灵活性与功能可操控性。

本书可为微波、光学、材料等领域的科研工作者及相关专业的高校研究生提供参考。

图书在版编目(CIP)数据

介电常数近零媒质的集成光学掺杂理论及应用/周子恒著. —北京:清华大学出版社,2023.12

(清华大学优秀博士学位论文丛书)

ISBN 978-7-302-64439-2

Ⅰ.①介⋯　Ⅱ.①周⋯　Ⅲ.①介电常数-研究　Ⅳ.①O482.4

中国国家版本馆 CIP 数据核字(2023)第 154280 号

责任编辑:戚　亚
封面设计:傅瑞学
责任校对:薄军霞
责任印制:沈　露

出版发行:清华大学出版社
　　　　　网　　　址:https://www.tup.com.cn,https://www.wqxuetang.com
　　　　　地　　　址:北京清华大学学研大厦 A 座　　　　邮　　编:100084
　　　　　社 总 机:010-83470000　　　　　　　　　　邮　　购:010-62786544
　　　　　投稿与读者服务:010-62776969,c-service@tup.tsinghua.edu.cn
　　　　　质量反馈:010-62772015,zhiliang@tup.tsinghua.edu.cn
印 装 者:三河市东方印刷有限公司
经　　销:全国新华书店
开　　本:155mm×235mm　**印　张:**8　**插　页:**4　**字　　数:**143 千字
版　　次:2023 年 12 月第 1 版　　　　　　**印　　次:**2023 年 12 月第 1 次印刷
定　　价:79.00 元

产品编号:101695-01

一流博士生教育
体现一流大学人才培养的高度（代丛书序）^①

人才培养是大学的根本任务。只有培养出一流人才的高校，才能够成为世界一流大学。本科教育是培养一流人才最重要的基础，是一流大学的底色，体现了学校的传统和特色。博士生教育是学历教育的最高层次，体现出一所大学人才培养的高度，代表着一个国家的人才培养水平。清华大学正在全面推进综合改革，深化教育教学改革，探索建立完善的博士生选拔培养机制，不断提升博士生培养质量。

学术精神的培养是博士生教育的根本

学术精神是大学精神的重要组成部分，是学者与学术群体在学术活动中坚守的价值准则。大学对学术精神的追求，反映了一所大学对学术的重视、对真理的热爱和对功利性目标的摒弃。博士生教育要培养有志于追求学术的人，其根本在于学术精神的培养。

无论古今中外，博士这一称号都和学问、学术紧密联系在一起，和知识探索密切相关。我国的博士一词起源于2000多年前的战国时期，是一种学官名。博士任职者负责保管文献档案、编撰著述，须知识渊博并负有传授学问的职责。东汉学者应劭在《汉官仪》中写道："博者，通博古今；士者，辩于然否。"后来，人们逐渐把精通某种职业的专门人才称为博士。博士作为一种学位，最早产生于12世纪，最初它是加入教师行会的一种资格证书。19世纪初，德国柏林大学成立，其哲学院取代了以往神学院在大学中的地位，在大学发展的历史上首次产生了由哲学院授予的哲学博士学位，并赋予了哲学博士深层次的教育内涵，即推崇学术自由、创造新知识。哲学博士的设立标志着现代博士生教育的开端，博士则被定义为独立从事学术研究、具备创造新知识能力的人，是学术精神的传承者和光大者。

---

① 本文首发于《光明日报》，2017年12月5日。

　　博士生学习期间是培养学术精神最重要的阶段。博士生需要接受严谨的学术训练，开展深入的学术研究，并通过发表学术论文、参与学术活动及博士论文答辩等环节，证明自身的学术能力。更重要的是，博士生要培养学术志趣，把对学术的热爱融入生命之中，把捍卫真理作为毕生的追求。博士生更要学会如何面对干扰和诱惑，远离功利，保持安静、从容的心态。学术精神，特别是其中所蕴含的科学理性精神、学术奉献精神，不仅对博士生未来的学术事业至关重要，对博士生一生的发展都大有裨益。

独创性和批判性思维是博士生最重要的素质

　　博士生需要具备很多素质，包括逻辑推理、言语表达、沟通协作等，但是最重要的素质是独创性和批判性思维。

　　学术重视传承，但更看重突破和创新。博士生作为学术事业的后备力量，要立志于追求独创性。独创意味着独立和创造，没有独立精神，往往很难产生创造性的成果。1929 年 6 月 3 日，在清华大学国学院导师王国维逝世二周年之际，国学院师生为纪念这位杰出的学者，募款修造"海宁王静安先生纪念碑"，同为国学院导师的陈寅恪先生撰写了碑铭，其中写道："先生之著述，或有时而不章；先生之学说，或有时而可商；惟此独立之精神，自由之思想，历千万祀，与天壤而同久，共三光而永光。"这是对于一位学者的极高评价。中国著名的史学家、文学家司马迁所讲的"究天人之际，通古今之变，成一家之言"也是强调要在古今贯通中形成自己独立的见解，并努力达到新的高度。博士生应该以"独立之精神、自由之思想"来要求自己，不断创造新的学术成果。

　　诺贝尔物理学奖获得者杨振宁先生曾在 20 世纪 80 年代初对到访纽约州立大学石溪分校的 90 多名中国学生、学者提出："独创性是科学工作者最重要的素质。"杨先生主张做研究的人一定要有独创的精神、独到的见解和独立研究的能力。在科技如此发达的今天，学术上的独创性变得越来越难，也愈加珍贵和重要。博士生要树立敢为天下先的志向，在独创性上下功夫，勇于挑战最前沿的科学问题。

　　批判性思维是一种遵循逻辑规则、不断质疑和反省的思维方式，具有批判性思维的人勇于挑战自己，敢于挑战权威。批判性思维的缺乏往往被认为是中国学生特有的弱项，也是我们在博士生培养方面存在的一个普遍问题。2001 年，美国卡内基基金会开展了一项"卡内基博士生教育创新计划"，针对博士生教育进行调研，并发布了研究报告。该报告指出：在美国和欧洲,培养学生保持批判而质疑的眼光看待自己、同行和导师的观点同样非常不容易,批判性思维的培养必须成为博上生培养项目的组成部分。

对于博士生而言,批判性思维的养成要从如何面对权威开始。为了鼓励学生质疑学术权威、挑战现有学术范式,培养学生的挑战精神和创新能力,清华大学在2013年发起"巅峰对话",由学生自主邀请各学科领域具有国际影响力的学术大师与清华学生同台对话。该活动迄今已经举办了21期,先后邀请17位诺贝尔奖、3位图灵奖、1位菲尔兹奖获得者参与对话。诺贝尔化学奖得主巴里·夏普莱斯(Barry Sharpless)在2013年11月来清华参加"巅峰对话"时,对于清华学生的质疑精神印象深刻。他在接受媒体采访时谈道:"清华的学生无所畏惧,请原谅我的措辞,但他们真的很有胆量。"这是我听到的对清华学生的最高评价,博士生就应该具备这样的勇气和能力。培养批判性思维更难的一层是要有勇气不断否定自己,有一种不断超越自己的精神。爱因斯坦说:"在真理的认识方面,任何以权威自居的人,必将在上帝的嬉笑中垮台。"这句名言应该成为每一位从事学术研究的博士生的箴言。

提高博士生培养质量有赖于构建全方位的博士生教育体系

一流的博士生教育要有一流的教育理念,需要构建全方位的教育体系,把教育理念落实到博士生培养的各个环节中。

在博士生选拔方面,不能简单按考分录取,而是要侧重评价学术志趣和创新潜力。知识结构固然重要,但学术志趣和创新潜力更关键,考分不能完全反映学生的学术潜质。清华大学在经过多年试点探索的基础上,于2016年开始全面实行博士生招生"申请-审核"制,从原来的按照考试分数招收博士生,转变为按科研创新能力、专业学术潜质招收,并给予院系、学科、导师更大的自主权。《清华大学"申请-审核"制实施办法》明晰了导师和院系在考核、遴选和推荐上的权力和职责,同时确定了规范的流程及监管要求。

在博士生指导教师资格确认方面,不能论资排辈,要更看重教师的学术活力及研究工作的前沿性。博士生教育质量的提升关键在于教师,要让更多、更优秀的教师参与到博士生教育中来。清华大学从2009年开始探索将博士生导师评定权下放到各学位评定分委员会,允许评聘一部分优秀副教授担任博士生导师。近年来,学校在推进教师人事制度改革过程中,明确教研系列助理教授可以独立指导博士,让富有创造活力的青年教师指导优秀的青年学生,师生相互促进、共同成长。

在促进博士生交流方面,要努力突破学科领域的界限,注重搭建跨学科的平台。跨学科交流是激发博士生学术创造力的重要途径,博士生要努力提升在交叉学科领域开展科研工作的能力。清华大学于 2014 年创办了"微沙龙"平台,同学们可以通过微信平台随时发布学术话题,寻觅学术伙伴。3 年来,博士生参与和发起"微沙龙"12 000 多场,参与博士生达 38 000 多人次。"微沙龙"促进了不同学科学生之间的思想碰撞,激发了同学们的学术志趣。清华于 2002 年创办了博士生论坛,论坛由同学自己组织,师生共同参与。博士生论坛持续举办了 500 期,开展了 18 000 多场学术报告,切实起到了师生互动、教学相长、学科交融、促进交流的作用。学校积极资助博士生到世界一流大学开展交流与合作研究,超过 60% 的博士生有海外访学经历。清华于 2011 年设立了发展中国家博士生项目,鼓励学生到发展中国家亲身体验和调研,在全球化背景下研究发展中国家的各类问题。

在博士学位评定方面,权力要进一步下放,学术判断应该由各领域的学者来负责。院系二级学术单位应该在评定博士论文水平上拥有更多的权力,也应担负更多的责任。清华大学从 2015 年开始把学位论文的评审职责授权给各学位评定分委员会,学位论文质量和学位评审过程主要由各学位分委员会进行把关,校学位委员会负责学位管理整体工作,负责制度建设和争议事项处理。

全面提高人才培养能力是建设世界一流大学的核心。博士生培养质量的提升是大学办学质量提升的重要标志。我们要高度重视、充分发挥博士生教育的战略性、引领性作用,面向世界、勇于进取,树立自信、保持特色,不断推动一流大学的人才培养迈向新的高度。

清华大学校长

2017 年 12 月

丛书序二

以学术型人才培养为主的博士生教育,肩负着培养具有国际竞争力的高层次学术创新人才的重任,是国家发展战略的重要组成部分,是清华大学人才培养的重中之重。

作为首批设立研究生院的高校,清华大学自 20 世纪 80 年代初开始,立足国家和社会需要,结合校内实际情况,不断推动博士生教育改革。为了提供适宜博士生成长的学术环境,我校一方面不断地营造浓厚的学术氛围,一方面大力推动培养模式创新探索。我校从多年前就已开始运行一系列博士生培养专项基金和特色项目,激励博士生潜心学术、锐意创新,拓宽博士生的国际视野,倡导跨学科研究与交流,不断提升博士生培养质量。

博士生是最具创造力的学术研究新生力量,思维活跃,求真求实。他们在导师的指导下进入本领域研究前沿,吸取本领域最新的研究成果,拓宽人类的认知边界,不断取得创新性成果。这套优秀博士学位论文丛书,不仅是我校博士生研究工作前沿成果的体现,也是我校博士生学术精神传承和光大的体现。

这套丛书的每一篇论文均来自学校新近每年评选的校级优秀博士学位论文。为了鼓励创新,激励优秀的博士生脱颖而出,同时激励导师悉心指导,我校评选校级优秀博士学位论文已有 20 多年。评选出的优秀博士学位论文代表了我校各学科最优秀的博士学位论文的水平。为了传播优秀的博士学位论文成果,更好地推动学术交流与学科建设,促进博士生未来发展和成长,清华大学研究生院与清华大学出版社合作出版这些优秀的博士学位论文。

感谢清华大学出版社,悉心地为每位作者提供专业、细致的写作和出版指导,使这些博士论文以专著方式呈现在读者面前,促进了这些最新的优秀研究成果的快速广泛传播。相信本套丛书的出版可以为国内外各相关领域或交叉领域的在读研究生和科研人员提供有益的参考,为相关学科领域的发展和优秀科研成果的转化起到积极的推动作用。

感谢丛书作者的导师们。这些优秀的博士学位论文,从选题、研究到成文,离不开导师的精心指导。我校优秀的师生导学传统,成就了一项项优秀的研究成果,成就了一大批青年学者,也成就了清华的学术研究。感谢导师们为每篇论文精心撰写序言,帮助读者更好地理解论文。

感谢丛书的作者们。他们优秀的学术成果,连同鲜活的思想、创新的精神、严谨的学风,都为致力于学术研究的后来者树立了榜样。他们本着精益求精的精神,对论文进行了细致的修改完善,使之在具备科学性、前沿性的同时,更具系统性和可读性。

这套丛书涵盖清华众多学科,从论文的选题能够感受到作者们积极参与国家重大战略、社会发展问题、新兴产业创新等的研究热情,能够感受到作者们的国际视野和人文情怀。相信这些年轻作者们勇于承担学术创新重任的社会责任感能够感染和带动越来越多的博士生,将论文书写在祖国的大地上。

祝愿丛书的作者们、读者们和所有从事学术研究的同行们在未来的道路上坚持梦想,百折不挠!在服务国家、奉献社会和造福人类的事业中不断创新,做新时代的引领者。

相信每一位读者在阅读这一本本学术著作的时候,在吸取学术创新成果、享受学术之美的同时,能够将其中所蕴含的科学理性精神和学术奉献精神传播和发扬出去。

清华大学研究生院院长

2018 年 1 月 5 日

导师序言

　　电磁超构媒质（metamaterials）是当下物理、材料、电子工程等多个领域共同的研究热点。超构媒质基于人工结构设计，呈现出自然界中不存在的材料特性，实现了"负折射""完美透镜""隐身斗篷"等一系列奇特应用，为人们灵活操控电磁波提供了全新机遇。近年来，一类具有特殊参数的介电常数近零（epsilon-near-zero，ENZ）媒质引起了学术界的广泛关注。电磁波在 ENZ 媒质中具有无穷大的相速度和波长，表现出空域静态分布而时域振荡的"空时解耦"效应。2017 年，本团队与美国宾夕法尼亚大学 Nadar Engheta 教授合作提出了基于 ENZ 媒质的"光学掺杂"概念：通过引入任意分布的介质掺杂物实现 ENZ 媒质的任意等效磁导率，为灵活调控 ENZ 媒质的宏观电磁响应提供了全新途径，并开启了"序构无关"的电磁超构媒质全新方向。

　　本书总结了近年来 ENZ 媒质及光学掺杂理论的发展动态，深刻剖析了 ENZ 超构媒质当前面临的关键挑战：ENZ 媒质（如等离子体材料等）通常损耗较大，这限制了光学掺杂概念的实现与应用。因此，如何实现低损耗的 ENZ 媒质是一个亟待突破的关键课题。为此，本书首先介绍了低损耗的人工 ENZ 媒质理论及实现方案，提出采用低损耗的基片集成波导结构等效实现极低损耗的等效 ENZ 媒质，并进一步提出了基片集成光学掺杂的理论，对 ENZ 媒质的等效磁导率进行任意调控。进而，本书详细阐述了基于 ENZ 媒质及集成光学掺杂理论的微波电路及天线应用。电路应用方面，本书从"传输线—元件—网络"三个层面介绍了几何结构可任意设计的 ENZ 波导电路理论及实现方案；天线应用方面，本书介绍了工作频率和辐射频率可独立设计的 ENZ 天线理论及实现方案。

　　本书所介绍的研究成果发表于 Nature 子刊 *Nature Communications*、光学领域高影响力期刊 *Light：Science & Applications*、天线领域高影响力期刊 *IEEE Transactions on Antennas and Propagation*、微波领域高影

响力期刊 *IEEE Transactions on Microwave Theory and Techniques* 等，得到了国内外同行的高度关注和认可。希望本书的出版能够促进电磁超构媒质前沿理论及应用的发展，为微波、光学、材料等相关领域的研究人员及研究生提供帮助。

是为序。

李　越

2023 年 3 月于清华园

摘　要

　　介电常数近零(epsilon-near-zero,ENZ)媒质是一类介电常数趋于零的特殊电磁媒质,电磁波在其中具有无穷大的波长,呈现出时域振荡而空域静态分布的独特响应。近年来,ENZ媒质光学掺杂(photonic doping)的概念受到学术界广泛关注。光学掺杂通过引入尺寸同波长可比拟的介质"掺杂物"灵活改变ENZ媒质的等效磁导率,提升对电磁波调控的自由度。然而,ENZ媒质和光学掺杂的实现面临如下瓶颈:天然ENZ媒质和基于周期谐振结构的人工ENZ媒质损耗较大;光学掺杂结构较为复杂,难以与平面电路集成。此外,如何将光学掺杂概念与电磁工程结合,解决工程应用中的一些难点问题,是具有重要实际价值的课题。为解决光学掺杂如何"实现"和"应用"这两个关键科学问题,本书提出了集成光学掺杂的基本平台与理论,并在微波电路与天线领域实现了一系列关键应用。

　　首先,本书提出了集成光学掺杂的概念,即以基片集成波导作为平台实现低损耗、易于集成的等效ENZ媒质,并采用结构紧凑的矩形介质体进行平面一体化的光学掺杂。基于正交模式展开和格林函数方法,本书给出了解析理论精确刻画掺杂ENZ媒质的等效磁导率。集成光学掺杂平台与理论为ENZ媒质与光学掺杂的工程应用奠定了坚实基础。

　　进而,本书将集成光学掺杂理论引入微波电路和天线领域的关键应用,所实现的新型器件相较于传统设计在结构灵活性与功能可操控性方面有显著提升。微波电路应用方面,本书提出并实现了:可任意弯折的波导传输线、电抗值可任意设计的高频集总元件、形状任意的ENZ功率分配网络,从"传输线—元件—电路网络"三个层面建立了基于掺杂ENZ媒质的波导电路体系。天线应用方面,基于ENZ媒质几何无关特性,本书提出并实现了一类几何结构与工作频率相互独立的天线,其方向图、增益等辐射特性可在固定频率上灵活设计。

　　最后,本书将光学掺杂的理论和应用推广到多个掺杂物的情形,揭示了包含多个介质掺杂物的ENZ媒质具有梳状色散的等效磁导率。理论推导和实验证实每个掺杂物产生的磁谐振完全不受其他掺杂物的影响,因而可以独立控制。基于多掺杂的 ENZ 媒质,本书提出并实现了一类非周期的、与单元排布无关的超构媒质,丰富了超构媒质的理论体系,其在电磁波的色散调控方面具有良好的前景。

关键词:超构媒质;介电常数近零媒质;光学掺杂;微波电路;天线

Abstract

The epsilon-near-zero (ENZ) media are a special class of electromagnetic media whose permittivities are close to zero. The electromagnetic wave in an ENZ medium features an infinitely stretched wavelength and thus exhibits temporally oscillating while spatially static wave dynamics. In recent years, the concept of photonic doping of ENZ media has drawn great attention from academic society. Photonic doping introduces wavelength-sized dielectric "dopants" to flexibly manipulate the effective permeability of ENZ media, and thereby offer more degrees of freedom for the control of the electromagnetic wave. However, the realization of ENZ media and photonic doping face the following challenges. The naturally occurring ENZ materials and the effective ENZ media based on periodic resonant elements suffer from large losses, and the architecture of photonic doping is difficult to be integrated with planar circuitries. Besides that, it is a topic of practical value to incorporate the technique of photonic doping into electromagnetic engineering, to overcome some bottlenecks in applications. To address the above two key issues on the "realization" and "application" of photonic doping, this book proposes the platform and theory of integrated photonic doping and achieves a series of key applications in the fields of microwave circuits and antennas.

Firstly, the concept of integrated photonic doping is proposed in this book. That is, to use the substrate-integrated waveguide as a platform for realizing low-loss and easily-integrated ENZ media, and exploit a compact rectangular block to construct the doped ENZ medium as a whole. Based on the orthogonal-mode expansion and the Green's function method, this book establishes an accurate analytical theory to describe the effective permeability of the doped ENZ media. The platform and theory of integrated photonic doping lay a solid foundation for the engineering applications of ENZ media and photonic doping.

Secondly, based on the platform and theory of integrated photonic doping, this book proposed the applications of ENZ media and photonic doping in microwave circuits and antennas. The proposed microwave devices outperform conventional designs in terms of flexible structures and design functions. In the aspect of microwave circuit applications, this book proposes and realizes: an arbitrarily curved waveguide transmission line, a high-frequency lumped element with arbitrary reactance values, and an arbitrarily-shaped ENZ power dividing network. In this manner, we establish the framework of doped-ENZ-medium-inspired waveguide circuits in the levels of "transmission lines", "elements", and "networks". In the aspect of microwave antenna applications, this book proposes and realizes a class of antennas whose operating frequencies are independent of antenna structures. Therefore, the radiation characteristics of antennas such as gain and radiation patterns can be flexibly designed at fixed operating frequencies.

Finally, this book extends the theory and applications of photonic doping into the scenarios of multiple dopants and reveals that the ENZ medium comprising multiple dielectric dopants features an effective permeability with the comb-profiled dispersion. It is theoretically demonstrated and experimentally verified that the magnetic resonance generated by one corresponding dopant is irrelevant to other dopants, and thereby is allowed to be controlled independently. Based on the ENZ media with multiple dopants, this book proposes and realizes a class of non-periodic and element-position-independent metamaterials, which enriches the theory of metamaterials and offers exciting prospects for the dispersion engineering of electromagnetic waves.

Keywords: Metamaterials; Epsilon-near-zero media; Photonic doping; Microwave circuits; Antennas

符号和缩略语说明

CPA	相干完美吸收(coherent perfect absorption)
NZI	近零折射率(near-zero-index)
ENZ	介电常数近零(epsilon-near-zero)
MNZ	磁导率近零(mu-near-zero)
EMNZ	介电常数和磁导率近零(epsilon-and-mu-near-zero)
SIW	基片集成波导(substrate-integrated waveguide)
TE	横电(transverse-electric)
TM	横磁(transverse-magnetic)
TEM	横电磁(transverse electric and magnetic)
PEC	理想电导体(perfect electric conductor)
PMC	理想磁导体(perfect magnetic conductor)
PCB	印制电路板(printed circuit board)
SMA	超小型连接器(sub-miniature A connector)
5G	第五代移动通信技术(5th-Generation Mobile Communication Technology)
TCO	透明导电氧化物(transparent conductive oxide)
PTFE	聚四氟乙烯(polytetrafluoroethylene)
LTCC	低温共烧陶瓷(low-temperature cofired ceramics)
MEMS	微机电系统(micro-electro-mechanical system)
CNC	计算机数控(computer numerical control)
i	虚数单位(imaginary unit)
E	电场(electric field)
H	磁场(magnetic field)
D	电通量密度(electric flux density)
B	磁通量密度(magnetic flux density)
J	电流密度(current density)
J_m	磁流密度(magnetic current density)

目　录

第1章　绪论 ··· 1

　　1.1　研究背景及意义 ··· 1

　　1.2　近零折射率媒质 ··· 2

　　　　1.2.1　媒质及超构媒质的分类 ······························· 2

　　　　1.2.2　近零折射率媒质基础特性 ····························· 3

　　　　1.2.3　近零折射率实现方案及应用 ························· 6

　　1.3　光学掺杂概念及特性 ··· 8

　　1.4　波导与基片集成波导 ··· 11

　　1.5　本书研究内容 ··· 13

第2章　集成光学掺杂理论 ··· 16

　　2.1　集成光学掺杂基本概念 ··· 16

　　2.2　磁导率调控理论 ··· 16

　　2.3　光学掺杂局域场增强效应 ····································· 22

　　2.4　集成光学掺杂实验验证 ··· 26

　　2.5　本章小结 ··· 28

第3章　集成光学掺杂的电路应用 ······································· 30

　　3.1　引言 ··· 30

　　3.2　可任意弯折的波导传输线 ····································· 31

　　3.3　基于光学掺杂的ENZ元件及匹配电路 ························· 33

　　　　3.3.1　ENZ元件的集总模型 ······························· 33

　　　　3.3.2　基于ENZ元件的广义匹配电路 ····················· 35

　　3.4　基于光学掺杂的ENZ功分网络 ······························· 41

　　　　3.4.1　任意几何的N端口ENZ网络理论 ··················· 42

　　　　3.4.2　8路均等分的功分器设计 ························· 44

　　　　3.4.3　10路非均等分的功分器设计 ····················· 47

         3.4.4   实物加工测试与讨论 ……………………………… 48

   3.5   本章小结 ………………………………………………… 52

第 4 章   集成光学掺杂的天线应用 …………………………… 53

   4.1   引言 ……………………………………………………… 53

   4.2   波导等效 ENZ 天线的基本形式及特性 ……………… 53

         4.2.1   天线结构及工作模式 ………………………… 53

         4.2.2   可独立操控的辐射方向图与工作频率 …… 55

         4.2.3   天线加工及测试 ……………………………… 58

   4.3   水平全向高增益 ENZ 天线设计 ……………………… 59

         4.3.1   天线结构与工作原理 ………………………… 59

         4.3.2   天线加工及测试 ……………………………… 62

   4.4   光学掺杂的波导等效 ENZ 天线 ……………………… 64

         4.4.1   天线结构与工作原理 ………………………… 64

         4.4.2   天线加工及测试 ……………………………… 69

   4.5   本章小结 ………………………………………………… 72

第 5 章   多掺杂异质体理论及应用 …………………………… 74

   5.1   引言 ……………………………………………………… 74

   5.2   多掺杂异质体无耦合效应 ……………………………… 74

   5.3   数值仿真及实验验证 …………………………………… 80

   5.4   多掺杂异质体的色散编码应用 ………………………… 87

   5.5   本章小结 ………………………………………………… 90

第 6 章   总结与展望 ………………………………………………… 91

   6.1   本书工作创新点 ………………………………………… 91

   6.2   未来工作展望 …………………………………………… 92

参考文献 ……………………………………………………………… 94

在学期间完成的相关学术成果 …………………………………… 104

致谢 …………………………………………………………………… 106

CONTENTS

Chapter 1　Introduction ·· 1

1. 1　Research background and significance ························· 1

1. 2　Near-zero-index media ·· 2

    1. 2. 1　Classification of material and metamaterial ··········· 2

    1. 2. 2　Fundamental property of near-zero-index media ······ 3

    1. 2. 3　Realization schemes and applications of

            near-zero index ·· 6

1. 3　Concept and property of photonic doping ····················· 8

1. 4　Waveguide and substrate-integrated waveguide ·············· 11

1. 5　Main research subject of this book ···························· 13

Chapter 2　Theory of substrate-integrated photonic doping ··········· 16

2. 1　Concept of substrate-integrated photonic doping ············· 16

2. 2　Theory for magnetic permeability manipulation ·············· 16

2. 3　Local enhancement of magnetic field for photonic doping ··· 22

2. 4　Experimental verification of substrate-integrated

    photonic doping ·· 26

2. 5　Summary of this chapter ······································ 28

Chapter 3　Application of substrate-integrated photonic

**　　　　　　doping in circuitry** ································· 30

3. 1　Introduction ··· 30

3. 2　Arbitrarily bendable waveguide transmission line ············ 31

3. 3　ENZ element and impedance matching circuits based

    on photonic doping ·· 33

    3. 3. 1　Lump model for the ENZ element ···················· 33

3. 3. 2　Impedance matching circuits based on
　　　　　ENZ elements　·· 35
3. 4　ENZ power dividing network based on photonic doping ······ 41
　　3. 4. 1　Theory of arbitrarily-shaped N-port ENZ
　　　　　　network　··· 42
　　3. 4. 2　Design of 8-branch equal-split power divider ········ 44
　　3. 4. 3　Design of 10-branch unequal-split power divider ··· 47
　　3. 4. 4　Prototype fabrication and measurement ············· 48
3. 5　Summary of this chapter　····································· 52

**Chapter 4　Application of substrate integrated-photonic
　　　　　　doping in antenna**　·· 53
4. 1　Introduction　·· 53
4. 2　Basic form of waveguide-based ENZ antenna
　　　and properties　·· 53
　　4. 2. 1　Antenna structure and operating mode ············· 53
　　4. 2. 2　Independently controlable radiation pattern and
　　　　　　operating frequency ·································· 55
　　4. 2. 3　Antenna fabrication and measurement ············· 58
4. 3　Omnidirectional high-gain ENZ antenna　················ 59
　　4. 3. 1　Antenna structure and operating principle ········· 59
　　4. 3. 2　Antenna fabrication and measurement ············· 62
4. 4　Waveguide-based ENZ antenna with photonic doping ······· 64
　　4. 4. 1　Antenna structure and operating principle ········· 64
　　4. 4. 2　Antenna fabrication and measurement ············· 69
4. 5　Summary of this chapter　··································· 72

Chapter 5　Theory and application for multiple photonic dopants ······ 74
5. 1　Introduction　·· 74
5. 2　Noninteracting effect of multiple photonic dopants ··········· 74
5. 3　Numerical simulation and experimental validation　·········· 80
5. 4　Application of dispersion coding via multiple
　　　photonic dopants　·· 87

5. 5   Summary of this chapter ··· 90

Chapter 6   Conclusion and outlook ································· 91
    6. 1   Innovations of the research works in this book ··············· 91
    6. 2   Outlook for future research ································· 92

References   ··· 94

Academic achievements ··· 104

Acknowledgements   ··· 106

第1章 绪 论

1.1 研究背景及意义

电磁波作为能量与信息的重要载体,它的发现与应用极大程度上推动了人类文明的发展进程,深刻影响了现代社会的各个方面[1-3]。在过去的一个半世纪里,电磁波已经在无线通信、目标定位、生物医学成像、深空探测等领域发挥重要作用。随着第五代移动通信技术(5G)[4,5]、万物互联时代的到来,各个学科都迎来了全新的发展机遇。在此背景下,如何更加有效地调控电磁波,使之更好地为人类社会与科技发展服务,成为学术与工业界重要的研究热点。

超构媒质(metamaterials)是 21 世纪初新兴的概念,它指一类由亚波长尺寸的单元结构按照一定规律排布形成的人工复合媒质[6-9]。人们可以通过调节亚波长单元结构及其空间排布来改变超构媒质整体的电磁响应。因此,与天然材料不同,超构媒质具有可灵活设计的电磁本构参数——介电常数和磁导率。近年来,具有特殊本构参数的近零折射率(near-zero-index,NZI)媒质[10-13]引起了学术界的高度重视。近零折射率媒质具有趋近于零的光学折射率,具体可分为介电常数近零媒质[14,15]、磁导率近零媒质[16,17]、介电常数和磁导率近零(epsilon-and-mu-near-zero,EMNZ)媒质[18,19]。电磁波在近零折射率媒质中具有无穷大的相速度和波长,表现出时域振荡而空域静态分布的特点。2017 年,宾夕法尼亚大学 N. Engheta 教授课题组提出了光学掺杂的概念[20]。该工作指出,引入尺寸与电磁波长可比拟的介质掺杂物(称之为"掺杂异质体"),可改变整块 ENZ 媒质的等效磁导率,理论上可实现等效磁导率从零至无穷的连续调节。有趣的是,掺杂异质体在 ENZ 背景媒质中可以任意排布。光学掺杂为灵活调控 ENZ 媒质的电磁响应提供了全新途径,并为设计非周期性的电磁超构媒质提供了可能。

目前为止,近零折射率媒质及光学掺杂的相关研究主要处于理论分析和概念验证阶段,有待突破的关键瓶颈如下:首先,如何实现低损耗、工作频率可设计的 ENZ 媒质？ENZ 媒质是光学掺杂的基础,然而天然 ENZ 媒质(如光学频段的等离子体材料)具有较大的损耗且工作频率难以人为控制[21-23];其次,如何将光学掺杂的概念与主流的平面工艺融合？在微波和光学器件平面化、集成化、小型化的趋势下[24-26],实现平面的、易于集成的光学掺杂结构十分必要;最后,如何针对工程实践中的具体需求,将独特的零折射特性和光学掺杂电磁调控引入工程应用中？以上思考旨在突破传统材料与结构在电磁器件设计中存在的固有瓶颈,实现高效的电磁波调控。

综上所述,近零折射率媒质及光学掺杂是一个新兴的、充满潜力的研究方向。实现低损耗、集成化的近零折射率媒质及光学掺杂结构,将可灵活调控的近零折射率特性引入电磁工程中,是具有重要科学意义和应用价值的课题。

1.2　近零折射率媒质

1.2.1　媒质及超构媒质的分类

按照媒质的介电常数 ε 和磁导率 μ 来分类,现有的电磁媒质可以归入四个象限[6,7],如图 1.1 所示。第一象限,对应介电常数 ε 和磁导率 μ 同时大于零的媒质,媒质中电磁波的电场、磁场、波矢量成右手螺旋关系,因此称为"右手媒质";第二象限,对应介电常数小于零而磁导率大于零的媒质,如等离子体振荡频率以下的贵金属等;第四象限,对应介电常数大于零而磁导率小于零的媒质,如特定频率的旋磁材料等;第三象限,对应磁导率和相对介电常数均为负的"左手媒质"[27],左手媒质的概念由苏联科学家 V. G. Veselago 在 20 世纪 60 年代提出,这种特殊的媒质被预言具有反常的负折射效应[27]。在 21 世纪初,美国科学家 D. R. Smith 等提出使用周期排布的金属柱和开口谐振环设计左手媒质[28,29],并在微波频段验证了负折射效应[29]。2008 年前后,人们又验证了光学频段的负折射效应[30,31]。左手媒质引起了人们对超构媒质的浓厚兴趣,电磁隐身[32]、完美透镜[33,34]、完美吸收[35]等一系列奇特的超构媒质特性及应用相继被人们发掘。如今,超构媒质已经成为物理学、材料学、工程领域共同的研究热点。此外,电磁超构媒质还从三维结构向二维结构演进,并形成人工电磁表面的概念[36-39],可用于灵活调控电磁波的散射[36,40,41]、透射[42,43]、吸收[44,45]等行为。

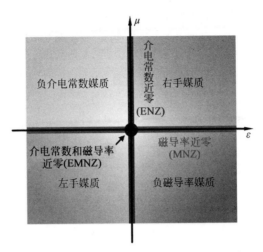

图 1.1 电磁媒质与超构媒质的 ε-μ 相空间分类（前附彩图）

1.2.2 近零折射率媒质基础特性

本书重点关注的近零折射率(NZI)媒质位于材料相空间(图 1.1)的两条坐标轴附近,它们具有趋近于零的折射率 $\sqrt{\varepsilon_r \mu_r}$,其中 ε_r 和 μ_r 分别表示相对介电常数和相对磁导率。按照电磁本构参数 ε_r 和 μ_r 趋近于零的情况,近零折射率媒质具体可以分为 ENZ 媒质、MNZ 媒质、EMNZ 媒质,分别位于图 1.1 中红色垂直条带、蓝色水平条带、紫色原点所表示的区域。近零折射率媒质中电磁波具有无穷大的波长和相速度。波阻抗是区分几种近零折射率媒质的关键物理量。均匀媒质中的波阻抗定义为 $\eta = \sqrt{\mu/\varepsilon}$[46,47],式中 $\varepsilon = \varepsilon_0 \varepsilon_r$,$\mu = \mu_0 \mu_r$;$\varepsilon_0$、$\mu_0$ 分别表示真空介电常数与磁导率。可见,ENZ 媒质中的波阻抗趋于无穷,MNZ 媒质的波阻抗趋于 0,而 EMNZ 媒质的波阻抗可以收敛到一个有限值。尽管电磁波在各类近零折射率媒质中均具有趋近于无穷的相速度,但群速度却有很大的不同。考察均匀、各向同性色散媒质中的电磁波群速[46]:

$$v_g = \frac{\partial \omega}{\partial k} = \frac{2c}{2\sqrt{\mu_r \varepsilon_r} + \omega \sqrt{\dfrac{\mu_r}{\varepsilon_r}} \dfrac{\partial \varepsilon_r}{\partial \omega} + \omega \sqrt{\dfrac{\varepsilon_r}{\mu_r}} \dfrac{\partial \mu_r}{\partial \omega}} \tag{1-1}$$

当 ε_r 或 μ_r 趋近于零时,媒质群速均趋于零。当 ε_r 与 μ_r 同时趋近于零,且 ε_r/μ_r 与 μ_r/ε_r 维持有限值时,媒质群速不为零。因此,均匀 ENZ、MNZ 媒

质中群速为零,而 EMNZ 媒质中群速不为零。

接下来从波动方程出发,分析近零折射率媒质中的波动效应。考察无源、均匀媒质中的波动方程:

$$\nabla^2 \begin{Bmatrix} \boldsymbol{E} \\ \boldsymbol{H} \end{Bmatrix} - \varepsilon\mu \frac{\partial^2}{\partial t^2} \begin{Bmatrix} \boldsymbol{E} \\ \boldsymbol{H} \end{Bmatrix} = 0 \tag{1-2}$$

波动方程式(1-2)同时包含时间与空间导数,意味着电磁波动效应既反映在时间上,也反映在空间上,场随时间的变化和空间的变化通过波动方程相互关联。在近零折射率媒质中,介电常数 ε、磁导率 μ 至少一者趋近于零,时间导数项前的系数为零。那么,式(1-2)退化为 $\nabla^2\boldsymbol{E}=0$ 和 $\nabla^2\boldsymbol{H}=0$,这正是无源静电场和静磁场所满足的方程。这里将静电场和静磁场方程的解记作 $\boldsymbol{E}_{\text{static}}(\boldsymbol{r})$ 和 $\boldsymbol{H}_{\text{static}}(\boldsymbol{r})$。对于时谐电磁波,电场和磁场的时间变化因子为 $\mathrm{e}^{-\mathrm{i}\omega t}$($\omega$ 为角频率),于是方程式(1-2)的解可以直接写出:

$$\begin{Bmatrix} \boldsymbol{E}(\boldsymbol{r},t) \\ \boldsymbol{H}(\boldsymbol{r},t) \end{Bmatrix} = \begin{Bmatrix} \boldsymbol{E}_{\text{static}}(\boldsymbol{r})\mathrm{e}^{-\mathrm{i}\omega t} \\ \boldsymbol{H}_{\text{static}}(\boldsymbol{r})\mathrm{e}^{-\mathrm{i}\omega t} \end{Bmatrix} \tag{1-3}$$

可见,在近零折射率媒质中,场的时间、空间变化项不再耦合,为两个独立的乘积因子。更为有趣的是,尽管电磁场在时域上振荡($\omega \neq 0$),但空间上依然保持静态分布。因此,近零折射率媒质支持时域振荡而空间静态分布的特殊波动效应,实现了波动效应的空时变化的解耦[18]。

为进一步阐述 NZI 媒质中波动效应的空时解耦特性,考察均匀媒质中电磁波的频率-波长关系,即 $c/n = f \times \lambda$。频率(f)和波长(λ)分别描述电磁波时间变化和空间变化的周期。具体如图 1.2 所示,对于振动在固定频率上的电磁波,当折射率 n 趋近于零,波长 λ 将趋于无穷,即电磁场的空间变化被明显抑制。由于这样独特的波动效应,近零折射率媒质可以实现工作频率与几何结构无关的电磁器件。传统电磁器件的几何结构往往影响其工作频率,经典的例子有:偶极子天线长度为半工作波长[48,49],法布里-珀罗谐振腔的长度为半工作波长的整数倍[50,51]等。这背后的根本原因正是常规媒质中电磁波的时间变化(频率)和空间变化(波长)的关联性。根据之前的分析,近零折射率媒质支持空间静态分布的时域电磁振荡,等效实现了电磁场波动效应的空时变化的解耦,意味着电磁波在时域、空域两个维度上的特性可以独立设计。基于这个原理,I. Liberal 等研究者提出了几何形状不同而谐振频率相同的谐振腔体[52]:每个谐振腔由 ENZ 媒质和内部的介质柱构成,谐振频率由介质柱和 ENZ 背景面积决定。研究证实,虽然 ENZ

谐振器的几何形状、拓扑不同,但工作频率均相同[52]。

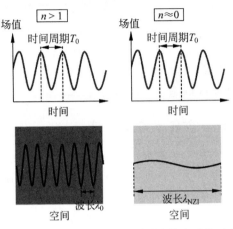

图 1.2　非近零折射率与近零折射率媒质中的电磁波时空分布特点

超耦合(supercoupling)效应[53]是近零折射率媒质最吸引人的电磁特性之一,即电磁波通过填充近零折射率媒质的、形状不规则的波导通道,依然维持理想传输。超耦合效应还具有零相移、局域电磁场增强等特点。基于 ENZ、MNZ、EMNZ 通道的超耦合效应如图 1.3 所示。从导波结构阻抗匹配的角度可以清楚地解释超耦合效应的物理机制。传输 TEM 模式的平板波导的特性阻抗正比于填充媒质波阻抗与波导沿电场极化方向尺寸的乘

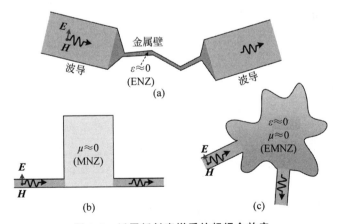

图 1.3　近零折射率媒质的超耦合效应

(a) ENZ 媒质超耦合效应示意图;(b) MNZ 媒质超耦合效应示意图;
(c) EMNZ 媒质超耦合效应示意图

积[46]。对于 ENZ 媒质的超耦合效应[53-57]，由于媒质波阻抗趋于无穷，因而需要极窄的波导通道来维持阻抗匹配[54]，保证高效传输；对于 MNZ 媒质，媒质波阻抗趋于零，为实现超耦合效应，波导通道需要显著变宽[58]；EMNZ 媒质具有和外界匹配的波阻抗，波导通道可以被设计成任意几何形状[18]。用于实现超耦合传输的不规则通道中磁场相位呈现均匀分布，体现了近零折射率媒质空间静态分布的电磁波动特性。

1.2.3 近零折射率实现方案及应用

实现近零折射率及介电常数近零媒质可基于天然材料和人工结构两种方式。自然界中的等离子体材料在等离子体振荡频率附近，介电常数的实部随频率升高由负变为正，并且呈现一个零点[59,60]。这样的材料包括紫外波段的金属材料（如金、银、铜）[61]、红外的透明金属氧化物材料（如 ITO、AZO、GZO）[62]、红外波段部分半导体材料（如 SiC、TiN$_x$）[60-63]及某些拓扑绝缘体材料[64]等。

以自由电子为主导的等离子体材料（如金属）的相对介电函数可由德鲁德模型（Drude model）描述[59,60]：

$$\varepsilon_{r,Drude} = 1 - \frac{\omega_p^2}{\omega^2 + i\gamma_d\omega} \tag{1-4}$$

式中 ω_p 表示等离子体振荡角频率，由载流子浓度及有效质量决定；γ_d 表示碰撞频率，与介电损耗相关。德鲁德模型的物理机制是材料中的自由电子在电磁波作用下发生集体振荡，介电函数的实部在振荡角频率 ω_p 附近趋近于零，如图 1.4(a)所示。以束缚电子为主导的等离子体材料（如 SiC 材料）的相对介电函数可由洛伦兹模型（Lorentz model）描述[59,60]：

$$\varepsilon_{r,Lorentz} = 1 + \frac{A}{\omega_o^2 - \omega^2 - i\gamma_o\omega} \tag{1-5}$$

其物理机制为：由电子-原子核组成的电偶极矩系统在电磁波的激励下发生强迫振动，介电函数呈现出强色散的共振线型。ω_o、γ_o 分别表示谐振角频率与阻尼系数，A 对应偶极矩的强度。洛伦兹模型的介电函数实部在稍大于 ω_o 的角频率上过零，如图 1.4(b)所示。

天然的等离子材料只能在相对固定的频段实现 ENZ 响应，而且由载流子带内散射、带间跃迁带来的损耗难以完全消除[22,23,65]。然而，借助人工结构原则上可在不同频段实现等效的近零折射率媒质，乃至实现材料损耗特性的调控。金属谐振环超构媒质可在谐振频率附近模拟近零折射率行

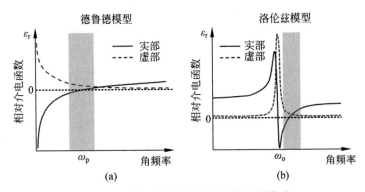

图 1.4　等离子体材料相对介电函数模型

（a）德鲁德模型对应的介电函数曲线；（b）洛伦兹模型对应的介电函数曲线

为[66,67]。矩形金属波导和平板波导在截止频率附近可呈现出 ENZ 特性[68-72]。考察一宽边为 W 的金属矩形波导，其主模 TE_{10} 模的截止频率为 $f_c = 0.5c/W$，模式传播常数为 $\beta = (k_0^2 - (\pi/W)^2)^{1/2}$，其中 k_0 为电磁波自由空间波数。矩形波导的等效折射率与波阻抗如式（1-6）、式（1-7）所示[68]：

$$n_{eff} = \frac{\beta}{k_0} = \frac{\sqrt{k_0^2 - (\pi/W)^2}}{k_0} = \sqrt{1 - (f_c/f)^2} \tag{1-6}$$

$$Z_{eff} = \frac{\omega\mu_0}{\beta} = \eta_0 \frac{1}{\sqrt{1 - (f_c/f)^2}} \tag{1-7}$$

当工作频率 $f \approx f_c$，矩形波导等效折射率趋近于零而等效波阻抗趋于无穷，因此等效为 ENZ 媒质。波导等效方法实质上将 TE_{10} 模式横向谐振带来的影响考虑成对折射率和波阻抗的修正。波导结构在微波、毫米波、太赫兹频段具有低损耗、低泄漏等优势[46,73]，因而在工程领域有广泛应用。光子晶体作为周期性人工结构的典例，亦可用于等效实现近零折射率媒质[74-80]。特别地，当光子晶体的电谐振、磁谐振模式在布里渊区中心发生偶然简并，频率色散曲面呈现出双锥状，可等效为线性色散、群速有限的 EMNZ 媒质[74]。此外，利用人工传输线结构亦可以等效实现近零折射率响应[17,81]。

近零折射率媒质奇特的电磁响应为灵活调控电磁波提供了全新的自由度。近零折射率媒质中的电磁场空间均匀性为波前变换[82-85]、提高天线口面均匀性[86,87]提供了全新手段。文献[86]研究了电磁波通过波导等效

ENZ 媒质进行平面波到柱面波的变换。文献[87]报道了通过加载 ENZ 超表面构造大尺寸的均匀辐射口面,提升辐射方向性。ENZ 媒质中介电函数的线性部分趋于零,光学非线性效应更容易凸显[88-91]。由于法向电位移矢量的连续性,ENZ 媒质中的法向电场远强于空气中的法向电场值,因而显著提升了电非线性响应。ENZ 媒质及超构媒质还可用于增强光学非局域效应[92]和非互易效应[93]。光学超电路[94-98],指一类基于亚波长电磁结构为元件的光学集总电路,近年来受到了广泛关注。与传统低频电子电路不同,超电路中的电流以位移电流为主。由于 ENZ 媒质中电位移矢量为零,它可以作为光学超电路的导线包层,以束缚位移电流[96]。ENZ 超构媒质在量子光学领域也有着重要的应用[99-104]。一方面,ENZ 超构媒质中的局域场增强效应可用于显著增强物质的自发辐射效应[99];另一方面,ENZ 媒质中的电磁场均匀性可增强空间中不同位置的量子源的相干性,激发集体超辐射效应[100]。研究发现,连续谱 ENZ 体系中支持光子束缚态的存在[101,102]。此外,基于 ENZ 媒质的特殊结构可被用于灵活调控量子源的辐射与非辐射状态[103]。最近的工作还指出可通过 ENZ 层壳结构抑制真空电场涨落[104],为量子电动力学的研究提供全新的载体和途径。

1.3　光学掺杂概念及特性

光学掺杂(photonic doping)概念[20]的提出是近零折射率媒质发展历程中的一个里程碑,它将"掺杂"方法从微观拓展到宏观,通过在 ENZ 背景中引入宏观尺寸的掺杂异质体,调控材料整体的电磁响应。此前,掺杂方法已在半导体领域取得应用,如在本征硅半导体中掺入五价或者三价元素,改变电子或空穴的浓度,从而改变半导体器件的电、光特性[105]。半导体掺杂方法中的掺杂异质体往往是某种化学元素,属于微观尺度的调控方法。与此不同,光学掺杂采用的掺杂异质体与工作频率下的电磁波的波长可比拟(故得名"光学掺杂"),属于宏观尺度的调控方法。

光学掺杂理论证明[20],一块包含一个或若干掺杂异质体的二维 ENZ 媒质(如图 1.5 所示),在 TM 模式电磁波激励下,其外场响应等同于一块相对磁导率为 μ_{eff}、介电常数近零的均匀媒质(μ_{eff} 的表达式将在之后进行推导)。光学掺杂理论丰富了超构媒质的理论框架。掺杂 ENZ 媒质所代表的非周期性超构媒质和经典的周期性超构媒质形成了鲜明对照。在周期性超构媒质设计中,人工单元需要按照特定的晶格结构进行排列,使体系实现特定的等效本构参数。这种情形下,超构媒质对外场的响应不仅取决于人工单元的具体结构,且与单元排布、单元之间的相互作用紧密相关[6,7]。而在光学掺杂的理论体系中,人工单元——掺杂异质体可以任意排布,不影响体系的等效磁导率;甚至采用一个掺杂异质体即可调控 ENZ 媒质整体的磁导率。这背后的物理机制正是 ENZ 媒质中的磁场均匀性,ENZ 媒质中的任意一个位置从磁场取值来看都是完全等价的。

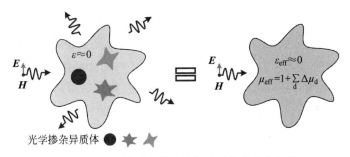

光学掺杂异质体 ● ★ ☆

图 1.5 ENZ 媒质光学掺杂概念及等效均匀媒质

现对掺杂 ENZ 媒质的等效磁导率的表达式进行理论推导[20]。考虑一面积为 A 的二维 ENZ 媒质,其中包含一个面积为 A_d、相对介电常数为 ε_d、相对磁导率为 μ_d 的二维掺杂异质体。设定电磁波磁场极化垂直于平面,即 TM 极化。首先证明,ENZ 媒质中 TM 极化的磁场呈现出空间均匀的分布。设定时谐电磁场的时间变化因子为 $e^{-i\omega t}$,考察磁场旋度方程:

$$\nabla \times \boldsymbol{H} = -i\omega\varepsilon\boldsymbol{E} \tag{1-8}$$

在 ENZ 媒质中,介电常数 ε 趋近于 0,因而磁场的旋度亦趋近于 0。若在直角坐标系中,令磁场沿 z 轴极化,且分布只与 x、y 坐标相关,即 $\boldsymbol{H}=H(x,y)\hat{\boldsymbol{z}}$。将此代入式(1-3)可得 $\nabla \times (H\hat{\boldsymbol{z}}) \approx 0$,化简为 $\nabla H \approx 0$。故可得 ENZ 媒质中 TM 极化的磁场为均匀分布。接下来对整个掺杂 ENZ 区域 A 使用法拉第电磁感应定律:

$$\oint_{\partial A} \boldsymbol{E} \cdot \mathrm{d}\boldsymbol{l} = i\omega \iint_A \boldsymbol{B} \cdot \mathrm{d}\boldsymbol{s} = i\omega\mu_0 H_0 \left(A_{\mathrm{enz}} + \mu_d \iint_{A_d} \psi^d \,\mathrm{d}s \right) \tag{1-9}$$

式中 H_0 表示 ENZ 背景中的均匀磁场;$A_{\mathrm{enz}}=A-A_d$ 表示 ENZ 背景的面积;ψ^d 表示掺杂异质体中的归一化磁场,满足如下方程及边界条件:

$$\nabla^2 \psi^d + k_d^2 \psi^d = 0, \quad \psi\,|_{\partial A_d} = 1 \tag{1-10}$$

其中 $k_d = (\varepsilon_d\mu_d)^{1/2}\omega/c$,为掺杂异质体中的波数。方程边界条件源于 ENZ 媒质中磁场均匀性的要求。以一块相同面积、相对磁导率为 μ_{eff} 的 ENZ 媒

质来替代上述掺杂 ENZ 媒质,要求外界的电磁场不变。根据边界条件连续
性,两种 ENZ 媒质中的磁场也应不变,均为 H_0。进而,法拉第电磁感应定
律在这种情况下可写为

$$\oint_{\partial A} \boldsymbol{E} \cdot \mathrm{d}\boldsymbol{l} = \mathrm{i}\omega\mu_0\mu_{\text{eff}} H_0 A \qquad (1\text{-}11)$$

对比式(1-11)及式(1-10)可以得到掺杂 ENZ 媒质等效磁导率的形式:

$$\mu_{\text{eff}} = \left(A_{\text{enz}} + \mu_\mathrm{d}\iint_{A_\mathrm{d}} \psi^\mathrm{d}\,\mathrm{d}s \right)\Big/ A \qquad (1\text{-}12)$$

式(1-12)表明,光学掺杂等效磁导率与 ENZ 背景的具体形状、掺杂异质体
的空间排列顺序无关。这里以一个半径为 r_d 的圆柱形掺杂物为例,求解等
效磁导率 μ_{eff} 的具体表达式。首先要求解圆柱掺杂物内的磁场。采用柱坐
标系,以圆柱中心为坐标原点,磁场可用柱函数展开:

$$\psi^\mathrm{d}(\boldsymbol{r}) = \sum_{n=0}^{+\infty} c_n \mathrm{J}_n(k_\mathrm{d} r)\mathrm{e}^{\mathrm{i}n\varphi} \qquad (1\text{-}13)$$

式中 $\mathrm{J}_n(\cdot)$ 表示 n 阶第一类贝塞尔函数,c_n 为展开系数。由于 ENZ 背景
中的磁场均匀性,圆柱掺杂异质体中只有沿角向无变化的磁场模式是被许
可的,即只有 c_0 不为零,而其余系数 c_n($n\neq0$)均为零。考虑式(1-10)中的
边界磁场归一化的要求,最终求得:

$$\psi^d(\boldsymbol{r}) = \mathrm{J}_0(k_\mathrm{d} r)/\mathrm{J}_0(k_\mathrm{d} r_\mathrm{d}) \qquad (1\text{-}14)$$

将式(1-14)代入等效磁导率一般表达式(1-12),可求得包含单个圆柱掺杂
异质体的 ENZ 媒质的等效磁导率表达式[20]:

$$\mu_{\text{eff}} = \frac{1}{A}\left[\frac{2\pi r_\mathrm{d}}{k_\mathrm{d}}\frac{\mathrm{J}_1(k_\mathrm{d} r_\mathrm{d})}{\mathrm{J}_0(k_\mathrm{d} r_\mathrm{d})} - \pi r_\mathrm{d}^2\right] + 1 \qquad (1\text{-}15)$$

取掺杂异质体相对介电常数 $\varepsilon_\mathrm{d}=10$,相对磁导率 $\mu_\mathrm{d}=1$,ENZ 背景面
积 $A=0.5\lambda_0^2$,自由空间波长 $\lambda_0=0.053\ \mathrm{m}$,将等效磁导率关于圆柱半径 r_d
的函数式(1-15)绘制于图 1.6 中。由此可见,通过一个圆柱掺杂物,可实现
等效磁导率由零到无穷的调控,既可实现介电常数与磁导率近零的 EMNZ
媒质,也可实现磁导率趋于无穷的理想磁导体(PMC)。应当指出,光学掺杂
理论对封闭的导波环境和自由空间环境均适用,且对任意激励波形均成立。
文献[20]的研究指出,一块放置在自由空间中的二维掺杂 ENZ 媒质,在偶极
子源激励下的近场及远场响应可以与 EMNZ 或 PMC 媒质的响应完全相同。

ENZ 媒质的光学掺杂效应实现以"点"控"全局",为电磁调控提供了有
力的手段。研究工作[106]指出单个掺杂异质体即可实现整块 ENZ 媒质从

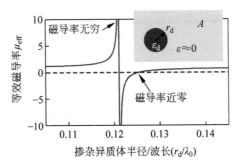

图 1.6　包含单个圆柱形掺杂物的 ENZ 媒质的等效磁导率曲线

电磁非透明到透明状态的切换,起到高效的电磁开关的作用。N. Engheta 教授课题组基于光学掺杂提出了将材料的电非线性转换为磁非线性的方案[107]。该研究工作[107]指出若掺杂异质体的介电函数呈现非线性,则掺杂 ENZ 媒质的等效磁导率将呈现出强非线性。南京大学赖耘教授课题组通过在 EMNZ 背景中掺入带有介电损耗的异质体[108],实现相干完美吸收 (coherent perfect absorption,CPA)。CPA 是激光效应的时间反演过程,在分子探测、光伏效应等方面具有重要应用[108]。基于 EMNZ 媒质的电磁吸收体可以被设计成任意形状,乃至拓展到多个电磁波入射通道的情况[109]。光学掺杂的概念可被进一步拓展至其他背景媒质甚至其他类型的物理场中。研究工作[110]讨论了 EMNZ 媒质中的异质体效应:在加入三维异质体的 EMNZ 立体通道内,若能找到两个不包含掺杂物的横切面,则可发生类似于电磁超耦合效应的"光学渗流"现象,即电磁波可通过掺杂异质体之间的缝隙,维持较高的透射率[110]。最近的研究表明,光学掺杂的概念还可被拓展到非厄米光学体系[111]乃至声学系统[112]。这反映了"掺杂"是适用于多种物理场和波调控的一种有效方法。

1.4　波导与基片集成波导

　　超构媒质的迅猛发展得益于电磁结构实现手段及加工工艺的进步。新的结构实现方案的提出和加工工艺的进步,使得人们可以在更小的尺度内对电磁波进行精确调控。当下,超构媒质在微波、毫米波频段的实现技术包括平面印制电路板(PCB)工艺、计算机数控金属加工工艺、3D 打印技术等[6,7]。本节着重介绍的是近 20 年来新兴的基片集成波导(SIW)技术[113],本书后续章节将基于 SIW 实现低损耗、集成化的近零折射率媒质。

　　波导结构的发展深刻反映了电磁结构演变和加工工艺进步产生的影响。金属波导是经典的导波结构[46,73],也是高功率微波毫米波系统的关键组件。金属波导为封闭立体结构,具有低串扰、低损耗等优势,工作频率可达毫米波乃至太赫兹频段。然而,以金属波导为代表的立体传输结构难以和平面电路及系统一体化集成。近 20 年来,SIW 的诞生与发展解决了金属波导难以平面集成的问题,实现了一种工作频率高、集成度高、损耗低的电磁导波结构。SIW 结构采用亚波长间隔的金属化通孔来实现波导的电壁边界条件。金属化过孔在 PCB 工艺中可以通过钻孔、表面金属沉积等标准工序实现。这里简单解释 SIW 的工作机制:考虑工作在基模 TE_{10} 模式的矩形波导,由于侧壁电流沿着垂直方向,引入极窄的竖向缝隙不会切割电流并影响 TE_{10} 模式传播。因此,矩形波导的金属侧壁可以被替换为紧密排列的金属化通孔。SIW 的发展历史可以追溯至 20 世纪 90 年代。1998年,J. Hirokawa 等学者研究了带金属柱的多层平板波导中的导波特性[114],其采用的结构已与 SIW 接近。2001 年,加拿大蒙特利尔大学 K. Wu(吴柯)教授团队正式提出了基片集成矩形波导的概念[113],并于 2002年利用 Floquet 定理和传输矩阵法求解了 SIW 的色散方程[115]。随后吴柯教授、东南大学洪伟教授等基于频域有限差分等数值方法对 SIW 中电磁波的传输特性进行了更加深入的分析[116]。

　　与此同时,基于 SIW 的微波/毫米器件得到长足的发展[117-119],其中包括可基片集成的功率分配器、滤波器、功率放大器、天线等多种器件。吴柯教授课题组基于 SIW 提出并设计了一款工作在 24 GHz 的六端口结型电路[120],可用于功率的分配与合成。M. Abdolhamidi 等学者设计了一款工作在 X 波段的 SIW 功率放大器[121],实现大于 10 dB 的增益。基于耦合腔理论和多层 SIW 工艺,东南大学郝张成设计了一款工作在 C 波段的椭圆带通滤波器[122]。在 SIW 天线设计方面,电子科技大学程钰间课题组设计了一款基于 SIW 抛物线型反射器的波导缝隙阵天线[123],产生覆盖±30°的多个波束。清华大学李越课题组基于 LTCC 工艺,设计了一款采用 SIW 馈电的宽带毫米波圆极化天线阵列[124],可在 60~67 GHz 实现低于 3 dB 的轴比以及大于 12.5 dBic 的辐射增益。SIW 及其器件的发展也推动了超构媒质的工程应用。作为 SIW 与超构表面概念的结合点,基片集成阻抗超表面技术在最近兴起。研究工作[125]通过在 SIW 中加载集成化的一维金属柱阵列,可灵活调节波导的色散曲线与等效介电常数。

1.5　本书研究内容

　　介电常数近零媒质及光学掺杂领域的核心概念与联系可凝练为图 1.7。由于具有极其特殊的电磁本构参数,介电常数近零媒质具备常规媒质难以实现的电磁特性,包含空间场均匀、几何拓扑无关、电磁超耦合效应等。同时,光学掺杂通过"以点控全局"的方式,为进一步调控介电常数近零媒质的宏观电磁响应提供了手段。当前,关于近零折射率和光学掺杂的研究基本停留在理论探索、基本特性验证的层面上,对相关前沿概念的实现及工程应用尚缺乏深入思考。为了将近零折射特性和光学掺杂调控引入实际的工程应用中,本书提出如下关键课题:①如何实现低损耗、集成化的近零折射率媒质与光学掺杂结构? 将近零折射率媒质及光学掺杂概念与当下主流的平面集成工艺相结合,并解决损耗问题,是将理论研究推向工程实现的一个重要契机。②如何深入发掘近零折射率媒质及光学掺杂概念的工程应用潜力? 旨在以近零折射率与光学掺杂特性突破一些传统结构与器件存在的功能瓶颈,提升器件性能与灵活性。

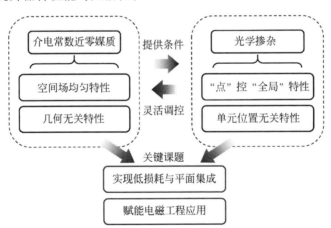

图 1.7　研究对象间的核心联系及关键课题

　　围绕这两个科学问题,这里给出本书研究体系与内容架构,如图 1.8 所示。首先,为了实现近零折射率媒质与光学掺杂结构的基片集成化,本书第 2 章提出集成光学掺杂的基础理论与平台,借助工作在截止频率附近的基片集成波导等效实现低损耗、平面化的 ENZ 媒质,并采用矩形介质块对 ENZ

媒质进行集成化的光学掺杂。基于本征模式展开与格林函数方法,本书建立了集成光学掺杂调控 ENZ 媒质等效磁导率的严格理论,并进行了微波频段的实验验证。基于第 2 章提出的基础理论和平台,本书第 3 章、第 4 章分别提出了 ENZ 媒质集成光学掺杂的电路应用与天线应用。

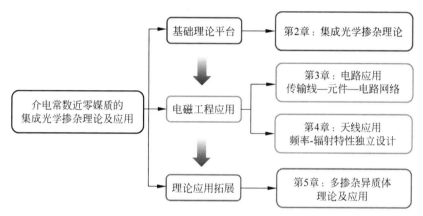

图 1.8 本书研究体系与内容架构

第 3 章围绕"传输线—元件—电路网络"三个层面提出并实现了结构灵活、高效率、低串扰的 ENZ 波导电路设计。具体研究内容为:①设计了可任意弯折、形变的波导传输线——"电纤";②提出并验证了元件值可任意设计的高频集总元件,并应用于多功能的广义匹配电路中;③提出了几何无关的多端口 ENZ 网络理论,设计并实现了传输相位一致、功率分配比可任意调整的波导功分器。

第 4 章提出了波导等效 ENZ 天线的概念,实现了天线工作频率与辐射特性的独立操控。具体研究内容为:①设计并实现可任意拉伸、弯折的波导等效 ENZ 天线,在固定频率上实现不同的方向图;②基于 ENZ 媒质中电磁场的空间均匀特性,加载一维部分反射表面,实现了高口面效率的水平全向辐射天线;③在波导等效 ENZ 天线中引入集成光学掺杂,实现在固定频率上增益可设计的边射方向图,相较于经典的矩形微带天线具有更高的设计自由度。

第 5 章将光学掺杂理论从单个掺杂异质体拓展至多个掺杂异质体情形。前人的工作尚未对多掺杂的 ENZ 媒质的特性展开系统研究。本书从一般媒质中多个介质谐振器相互耦合这一基本现象出发,揭示 ENZ 媒质中的多掺杂异质体呈现出反常的无耦合特性,并进行了理论分析与实验验证。

通过本书研究,每个掺杂异质体的谐振可独立调控,不受其他掺杂异质体的影响。基于此,本书进而提出了色散编码的概念,即对掺杂 ENZ 媒质在多个频率上的色散响应进行比特式的切换,提出并验证了 ENZ 媒质色散编码在可重构梳状滤波器、无源识别标签方面的应用。

第 6 章对本书的研究工作进行总结,并展望了近零折射率媒质、集成光学掺杂理论与技术的未来发展方向。

第2章 集成光学掺杂理论

2.1 集成光学掺杂基本概念

ENZ 媒质的光学掺杂概念将掺杂思想从微观化学元素层面应用到了宏观电磁结构层面,通过任意排布的介质掺杂异质体调控 ENZ 媒质的等效磁导率,高效地实现顺磁、抗磁等多种模态的控制。当前光学掺杂的研究主要停留在理论分析和特性验证层面。基于现代加工工艺和物理实现平台,如何实现低损耗、集成化的 ENZ 媒质及光学掺杂,是一个亟须突破的关键课题。本章工作的出发点是将光学掺杂概念与主流的平面电路工艺相融合,把光学掺杂对场的高效调控作用引入片上集成的新型电磁器件设计。这种全新的光学掺杂形式被命名为"集成光学掺杂"。

实现基片集成式的光学掺杂,将可调控的近零折射率媒质在平面电路上实现,需要突破两个关键技术难点。其一,如何实现低损耗、集成化的 ENZ 媒质?天然 ENZ 材料的等离子体损耗较大[22,23],在实际使用中会造成电磁波的严重衰减;金属平板波导可等效实现 ENZ 响应,但体积大、笨重,难以与电路系统平面互连[113]。其二,如何实现可平面嵌入的掺杂异质体?经典的圆柱形掺杂异质体虽利于理论分析,但无法用简单的平面工艺直接实现,且无法直接嵌入平面电路基板中。为解决掺杂异质体难以集成的问题,本章工作首先提出矩形结构的掺杂异质体,并严格求解其中的磁场分布。进一步,本章工作把基片集成波导技术[113]引入光学掺杂结构的设计中,实现光学掺杂结构的基片化、平面化。

2.2 磁导率调控理论

集成光学掺杂的二维结构如图 2.1 所示。一块面积为 $A = 2h \times l$ 的矩形 ENZ 媒质与两端介质填充的平面波导相连,一个面积为 $A_d = 2h_d \times l_d$、相对介电常数为 ε_d 的矩形掺杂异质体被放置在 ENZ 背景中。图 2.1 所示的光学掺杂结构整体可平面集成于一片介质基板中,即实现基片集成的光学掺杂形式。光学掺杂体系由 TEM 模式电磁波激励,入射磁场极化垂直于纸面,即沿着 z 轴。为了定量分析光学掺杂对 ENZ 媒质宏观电磁响应的调控作用,本节主要推导掺杂异质体内的磁场分布,从而得到掺杂 ENZ 媒质的等效磁导率。

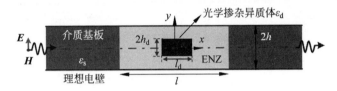

图 2.1　集成光学掺杂二维结构

考虑如图 2.1 所示的二维情况,掺杂异质体内磁场极化沿着 z 轴,归一化磁场满足亥姆霍兹方程及边界条件:

$$\nabla^2 \psi(x,y) + k_d^2 \psi(x,y) = 0,$$
$$\psi \mid_{x=-l_d/2} = \psi \mid_{x=l_d/2} = \psi \mid_{y=-h_d} = \psi \mid_{y=h_d} = 1 \tag{2-1}$$

式中 $k_d = \sqrt{\varepsilon_d}\,\omega/c$,$\omega$ 为角频率,c 为真空中的光速。"归一化"指磁场在边界处的常数值取为 1。掺杂异质体与 ENZ 媒质界面上的磁场为一个常数(归一化后取为 1),这是由 ENZ 媒质中的磁场均匀性所带来的边界条件。对于传统的圆形掺杂异质体,其场型为角向均匀分布的零阶第一类贝塞尔函数[20],分析起来是较为容易的。对于矩形掺杂异质体,任意单一矩形腔体的模式均无法满足方程(2-1)及边界条件,因此考虑多本征模式展开的手段。为了更方便地处理方程(2-1)的第一类非齐次边界条件,这里做如下变换:

$$U = \psi - 1 \tag{2-2}$$

函数 $U(x,y)$ 满足亥姆霍兹方程及第一类齐次边界条件:

$$\nabla^2 U + k_d^2 U = -f(x,y),$$
$$U \mid_{x=-l_d/2} = U \mid_{x=l_d/2} = U \mid_{y=-h_d} = U \mid_{y=h_d} = 0 \tag{2-3}$$

方程右端项 $f(x,y) = k_d^2$。由此,方程(2-1)被转化为齐次边界条件问题。方程(2-3)的格林函数是易于求解的。使用标准的格林函数方法求解函数 $U(x,y)$,首先求解矩形边界下亥姆霍兹方程(2-3)的格林函数,其满足的方程与边界条件如下:

$$\nabla^2 G(x,y;x',y') + k_d^2 G(x,y;x',y') = -\delta(x-x',y-y'), \quad G\mid_{\partial A_d} = 0 \tag{2-4}$$

$\delta(x-x', y-y')$ 表示源点在 (x', y') 的点源激励函数。采用本征函数展开方法求解格林函数[126]。矩形区域中，第一类齐次边界条件下的亥姆霍兹方程的本征问题为

$$\nabla^2 U_{m,n}(x,y) + k_{m,n}^2 U_{m,n}(x,y) = 0, \quad U_{m,n}(x,y)\,|_{\partial A_{\mathrm{d}}} = 0 \quad (2\text{-}5)$$

容易求得本征函数 $U_{m,n}$ 与相应的本征值 $k_{m,n}^2$ 为

$$U_{m,n}(x,y) = \sqrt{2/(h_{\mathrm{d}} l_{\mathrm{d}})} \cos(m\pi x/l_{\mathrm{d}}) \cos(n\pi y/(2h_{\mathrm{d}})) \quad (2\text{-}6)$$

$$k_{m,n}^2 = (m\pi/l_{\mathrm{d}})^2 + (n\pi/(2h_{\mathrm{d}}))^2 \quad (2\text{-}7)$$

由于式(2-3)中的源端项 $f(x,y)=k_{\mathrm{d}}^2$ 关于变量 x 和 y 均为偶函数，边界条件也具有偶对称性，那么解 $U(x,y)$ 一定具有偶对称性，即 $U(x,y)=U(-x,y)=U(x,-y)$。因而，只需要考虑具有偶对称性的本征函数。式(2-6)中的本征函数 $U_{m,n}$ 为二维余弦基函数。为满足边界条件，m,n 为正奇数，即 $m,n=1,3,5,\cdots$。容易验证本征函数的正交归一关系：

$$\iint_{A_{\mathrm{d}}} U_{m,n}(x,y) U_{m',n'}(x,y)\,\mathrm{d}x\,\mathrm{d}y = \delta_{m,m'}\delta_{n,n'} \quad (2\text{-}8)$$

将格林函数 G 用本征函数 $U_{m,n}$ 展开：

$$G(x,y;x',y') = \sum_{m,n=1}^{+\infty}{}' c_{m,n}(x',y') U_{m,n}(x,y) \quad (2\text{-}9)$$

求和号的上标一撇"'"表示求和只对奇数指标进行。将式(2-9)代入式(2-4)，两边同时对 $U_{m,n}$ 做内积，并利用正交关系式(2-8)，可求得傅里叶系数表达式：

$$c_{m,n}(x',y') = \frac{U_{m,n}(x',y')}{k_{m,n}^2 - k_{\mathrm{d}}^2} \quad (2\text{-}10)$$

而后求得格林函数的解析表达式：

$$G(x,y;x',y') = \sum_{m,n=1}^{+\infty}{}' \frac{U_{m,n}(x',y') U_{m,n}(x,y)}{k_{m,n}^2 - k_{\mathrm{d}}^2} \quad (2\text{-}11)$$

一旦格林函数确定，方程(2-3)的求解就变得简单直接。基于格林积分公式[127]：

$$U(x,y) = \iint_{A_{\mathrm{d}}} G(x,y;x',y') f(x',y')\,\mathrm{d}x'\mathrm{d}y' -$$

$$\oint_{\partial A_{\mathrm{d}}} U(x',y') \frac{\partial G(x,y;x',y')}{\partial n'}\mathrm{d}l' \quad (2\text{-}12)$$

代入 $f(x,y)=k_{\mathrm{d}}^2$ 及边界条件 $U|_{\partial A_{\mathrm{d}}}=0$ 可求得 $U(x,y)$，进而求得归一化磁场 $\psi(x,y)$：

$$\psi(x,y) = 1 + U = 1 + \sum_{m=1,n=1}^{+\infty} {}' k_d^2 \frac{4[(-1)^m - 1][(-1)^n - 1]}{\pi^2 mn} \cdot$$

$$\frac{\cos\left(\frac{m\pi x}{l_d}\right) \cos\left(\frac{n\pi y}{2h_d}\right)}{\left(\frac{m\pi}{l_d}\right)^2 + \left(\frac{n\pi}{2h_d}\right)^2 - k_d^2} \tag{2-13}$$

可见,本征值 $k_{m,n}^2$ 为磁场函数式(2-13)的极点,对应磁壁边界条件下的矩形腔体 $TM_{m,n}$ 模式的本征波数,其中 m 与 n 分别表示磁场沿着 x 轴与 y 轴分布的波腹数。注意到,当 m 或 n 为偶数,式(2-13)中求和项自然等于零,意味着求和可以对所有正整数指标进行,因而可省去求和号上的"′"。求得解析形式的归一化磁场后,掺杂 ENZ 媒质的相对等效磁导率可以由如下公式计算[20]:

$$\mu_{\text{eff}} = 1 + \frac{1}{A}\left[\mu_d \iint_{A_d} \psi ds - A_d\right] \tag{2-14}$$

式中,A 与 A_d 分别表示 ENZ 媒质的总面积与掺杂异质体的面积,如图 2.1 所示分别为 $2h \times l$、$2h_d \times l_d$。假定掺杂异质体由非磁性介质材料构成,其相对磁导率 $\mu_d = 1$。将式(2-13)代入式(2-14),即可得到掺入矩形异质体的 ENZ 媒质的相对等效磁导率:

$$\mu_{\text{eff}} = 1 + \sum_{m=1,n=1}^{+\infty} \frac{4l_d h_d((-1)^m - 1)^2((-1)^n - 1)^2}{lh\pi^4 m^2 n^2} \cdot$$

$$\frac{\varepsilon_d\left(\frac{\omega}{c}\right)^2}{\left(\frac{m\pi}{l_d}\right)^2 + \left(\frac{n\pi}{2h_d}\right)^2 - \varepsilon_d\left(\frac{\omega}{c}\right)^2} \tag{2-15}$$

等效磁导率随角频率变化的曲线的极点位于:

$$\omega_{m,n} = \frac{c}{\sqrt{\varepsilon_d}}\sqrt{(m\pi/l_d)^2 + (n\pi/(2h_d))^2} \tag{2-16}$$

在这些频率上,掺杂异质体内的场分布为矩形谐振腔 $TM_{m,n}$ 模式,且 ENZ 背景中磁场为零。此时掺杂 ENZ 媒质的等效磁导率趋近无穷,相当于理想磁导体(PMC)。设定 ENZ 媒质的长、宽分别为 $l = 80$ mm,$2h = 10$ mm;掺杂异质体的长宽分别为 $l_d = 12$ mm,$2h_d = 4.7$ mm;掺杂异质体的相对介电常数 $\varepsilon_d = 37$。由式(2-15)可计算出相对磁导率随角频率变化曲线的第一个零点 $\omega_0 \approx 2\pi \times 5.8 \times 10^9$。设定 ENZ 媒质的相对介电常数由无损耗的德鲁德模型描述，即 $\varepsilon_h = 1 - \omega_p^2/\omega^2$，令等离子体振荡频率 ω_p 等于 ω_0。理论计算得到的相对等效磁导率随归一化角频率 ω/ω_p 的变化曲线如图 2.2(a)所示。当 $\omega \approx \omega_0$，掺杂 ENZ 媒质等效磁导率趋近于零，呈现出 EMNZ 效应。

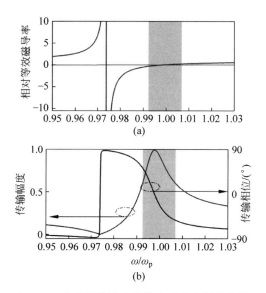

图 2.2　集成光学掺杂结构电磁响应理论分析

(a) 相对等效磁导率 μ_{eff}；(b) 传输幅度与相位

　　为更好地解释磁导率色散曲线，在一定条件下对式(2-15)进行化简。由于所关心的频率在第一个极点 $\omega_{1,1}$ 附近，因而可以只考虑最低阶极点 $\omega_{1,1}$，忽略高阶极点的影响；同时借助式(2-16)，式(2-15)化简为

$$\mu_{\text{eff}} \approx 1 + \frac{64 l_d h_d}{lh\pi^4} \frac{\omega^2}{\omega_{1,1}^2 - \omega^2} \tag{2-17}$$

当 $\omega < \omega_{1,1}$，相对等效磁导率 μ_{eff} 大于1，光学掺杂体内磁场和 ENZ 背景内的磁场同相，呈现出顺磁特性。当 $\omega = \omega_{1,1}$，掺杂 ENZ 媒质的等效磁导率发散，等效为理想磁导体。当 ω 稍大于 $\omega_{1,1}$，相对等效磁导率 μ_{eff} 为负；此时光学掺杂体内磁场和 ENZ 背景内的磁场反相，磁通相互抵消。随着频率继续上升，相对等效磁导率曲线和实轴相交，磁导率零点可将式(2-17)置零而直接求出：

$$\omega_0 \approx \frac{\omega_{1,1}}{\sqrt{1 - 64 l_d h_d/(lh\pi^4)}} \tag{2-18}$$

为了定量分析光学掺杂对 ENZ 媒质宏观响应的调控作用,接下来基于传输线理论求解图 2.1 中的集成光学掺杂结构的透射系数。将掺杂的 ENZ 媒质等效为一段长度为 l、相对介电常数为 ε_h、相对磁导率为 μ_{eff} 的均匀媒质。在 TEM 模式的电磁波正入射下,该均匀等效媒质可用一段长度为 l 的传输线来建模,由如下 $ABCD$ 矩阵来描述[46]:

$$
\boldsymbol{A}_C = \begin{bmatrix} \cos\left(\sqrt{\varepsilon_h \mu_{\mathrm{eff}}}\, \dfrac{\omega}{c} l\right) & -\mathrm{i}\eta_0 \sqrt{\dfrac{\mu_{\mathrm{eff}}}{\varepsilon_h}} \sin\left(\sqrt{\varepsilon_h \mu_{\mathrm{eff}}}\, \dfrac{\omega}{c} l\right) \\ \dfrac{-\mathrm{i}}{\eta_0} \sqrt{\dfrac{\varepsilon_h}{\mu_{\mathrm{eff}}}} \sin\left(\sqrt{\varepsilon_h \mu_{\mathrm{eff}}}\, \dfrac{\omega}{c} l\right) & \cos\left(\sqrt{\varepsilon_h \mu_{\mathrm{eff}}}\, \dfrac{\omega}{c} l\right) \end{bmatrix}
$$

$$(2\text{-}19)$$

式中 η_0 表示自由空间波阻抗。为求散射参数,需将掺杂 ENZ 媒质的 $ABCD$ 矩阵 $\boldsymbol{A}_C$ 对两侧波导的特征阻抗做归一化:

$$
\boldsymbol{A} = \begin{bmatrix} (\eta_0/\sqrt{\varepsilon_s})^{-\frac{1}{2}} & 0 \\ 0 & (\eta_0/\sqrt{\varepsilon_s})^{\frac{1}{2}} \end{bmatrix} \boldsymbol{A}_C \begin{bmatrix} (\eta_0/\sqrt{\varepsilon_s})^{\frac{1}{2}} & 0 \\ 0 & (\eta_0/\sqrt{\varepsilon_s})^{-\frac{1}{2}} \end{bmatrix}
$$

$$(2\text{-}20)$$

设定波导中媒质的相对介电常数 $\varepsilon_s = 1.2$。将归一化的 $ABCD$ 矩阵转化为散射参数矩阵[46],并求出传输系数 S_{21}:

$$
S_{21} = \frac{2}{\sum\limits_{i,j} A_{i,j}} = \frac{2}{2\cos\left(\sqrt{\mu_{\mathrm{eff}}\varepsilon_h}\, \dfrac{\omega}{c} l\right) - \mathrm{i}\left(\sqrt{\dfrac{\varepsilon_f \mu_{\mathrm{eff}}}{\varepsilon_h}} + \sqrt{\dfrac{\varepsilon_h}{\varepsilon_f \mu_{\mathrm{eff}}}}\right) \sin\left(\sqrt{\mu_{\mathrm{eff}}\varepsilon_h}\, \dfrac{\omega}{c} l\right)}
$$

$$(2\text{-}21)$$

当 ENZ 媒质的相对介电常数 ε_h 与等效磁导率 μ_{eff} 同时趋近于零,传输系数 S_{21} 趋近于 1,即发生全透射、零相移的 EMNZ 超耦合效应。EMNZ 超耦合效应与掺杂 ENZ 媒质的长度、矩形掺杂异质体的位置均无关。由式(2-21)计算得到的传输幅度与传输相位曲线如图 2.2(b)所示。在等效磁导率近零区域,掺杂 ENZ 媒质呈现出高透射率、低相移的特性;而在等效磁导率趋于无穷的角频率 $\omega_{1,1}$ 上,电磁波透射率趋近于零。可见,通过引入矩形介质掺杂异质体,可以高效调控 ENZ 的等效磁导率,从而明显改变整个体系对电磁波的宏观响应。在经典的周期性超构媒质[29]中,体系的宏观电磁响应由人工单元的特性及空间排布共同决定;需调节每个单元的特性及空间排布,才能实现对电磁波的准确操控。而在 ENZ 媒质光学掺杂的理论框架下,只需一个放置在任意位置的掺杂异质体,即可灵活调控媒质的等效磁导率。

2.3　光学掺杂局域场增强效应

本节将从电磁场结构的角度,对基于矩形掺杂异质体的光学掺杂效应进行深入探讨,并进一步化简光学掺杂结构。从实际应用的角度,光学掺杂结构的剖面应当尽可能低,使得集成光学掺杂结构能在一片印制电路板上实现。如此,光学掺杂的场调控优势能直接应用于平面电路器件的设计。增加掺杂异质体的介电常数,使之体积减小,固然是降低剖面的直接方案。然而高介电常数材料往往伴随着较大的介质损耗。接下来的工作将从电磁场分布对称性的角度,在不改变材料特性的前提下,探索进一步简化、紧凑化光学掺杂结构的途径。

矩形掺杂异质体内的磁场分布已由式(2-13)以解析形式得到。考察等效磁导率 μ_{eff} 趋近于零的情况,对应频率由式(2-18)给定,此时理论计算出的掺杂异质体内的磁场幅度分布如图 2.3(a)所示。由于所考察的磁导率零点 ω_0 接近第一个谐振角频率 $\omega_{1,1}$,掺杂异质体内的磁场大致服从矩形腔体 $TM_{1,1}$ 模式分布:腔体中心处的磁场为极大,而周边的磁场较小。据此,可给出光学掺杂的一个直观解释:通过局域的掺杂,在 ENZ 背景中形成磁通增强区域,从而改变 ENZ 媒质整体的总磁通量,进而改变掺杂 ENZ 媒质的等效磁导率。归一化电场分布由磁场旋度方程给出:

$$e(x,y) = (-i\varepsilon_0\varepsilon_d\omega)^{-1}\nabla\times[\psi(x,y)\hat{z}] \tag{2-22}$$

掺杂异质体内的电场幅度与矢量分布绘制于图 2.3(b)中。可见,电场在掺杂异质体的上下边附近达到极大值,中心区域的电场趋近于零;电场矢量分布环绕着矩形异质体的几何中心。

考察掺杂异质体中的磁场分布,如图 2.3(a)所示。可见,掺杂异质体中的磁场为偶对称分布,其本质原因是波动方程的对称性加之 ENZ 背景提供的边界磁场均匀的条件。根据式(2-22),对称面上的法向电场分量必然为零。具体地,在图 2.3(b)中以虚线所示的对称面上,法向电场 $e_y(x,0) = 0$。那么,该对称面可直接被看作理想电壁。受此启发,可在对称面位置嵌入一片导体,将掺杂 ENZ 媒质一分为二,并只取其一半结构。该变换过程如图 2.3(c)所示。由于磁场垂直于二维纸面,与导体壁平行,该结构变化同样不影响掺杂异质体内的磁场分布。因此,在不改变光学掺杂场型及

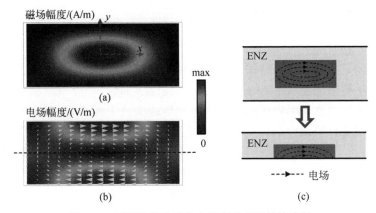

图 2.3　矩形掺杂异质体内的电磁场型结构分析
(a) 磁场幅度分布；(b) 电场幅度与矢量分布；(c) 利用镜像原理约化结构

ENZ 媒质等效磁导率的前提下，该镜像处理将掺杂 ENZ 结构的剖面缩减为图 2.1 所示结构的二分之一，且免去了悬浮掺杂异质体的工艺，进一步提升了光学掺杂结构的平面集成度。由此，得到简化后的集成光学掺杂结构，其中的电磁场分布如图 2.4 所示。

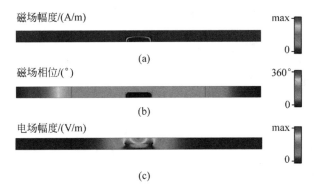

图 2.4　数值仿真得到的集成光学掺杂结构电磁场分布（前附彩图）
(a) 磁场幅度分布；(b) 磁场相位分布；(c) 电场幅度分布

电场与磁场分布由基于有限元方法的数值仿真软件 COMSOL 给出。如图 2.4(a) 与图 2.4(b) 所示，当发生 EMNZ 超耦合效应（$\omega = \omega_0$）时，掺杂异质体内的磁场显著强于 ENZ 背景中的磁场；磁场在 ENZ 背景中保持高度一致的相位，体现了零相移特点。电场幅度分布如图 2.4(c) 所示，在掺杂异质体的上边沿达到极大值。由于在 ENZ 媒质与掺杂异质体边界上的法向电位移矢量连续,靠近 ENZ 背景一侧的法向电场强于掺杂异质体中的电场,因而可以观察到图 2.4(c)中矩形掺杂异质体上方有显著的电场增强效应。

上述研究基于场型结构对称性分析简化了集成光学掺杂的结构,且不影响光学掺杂的场型特点与电磁波调控特性。同时,场分布结果也反映了掺杂异质体内存在电磁场增强效应。在传统微波工程中,人们需要借助金属谐振腔等封闭结构实现电磁场的约束与增强[46,47]。而在光学掺杂结构中,掺杂异质体被放置在一块非完全封闭的 ENZ 背景之中。这两种场增强效应在机制上有着本质不同。如何定量衡量掺杂异质体中的场增强效应,它又有什么重要应用? 这是本节接下来探讨的内容。

定义磁场增强因子为掺杂异质体内的磁场最大值与入射磁场幅度之比,即 $|H_{\max}|/|H_{\text{inc}}|$。为简单起见,认为掺杂 ENZ 媒质两侧波导中所填充的媒质为空气;可求出从激励波导(即图 2.1 左侧波导)看到的输入阻抗:

$$Z_{\text{L}} = \eta_{\text{h}} \frac{\eta_0 - \mathrm{i}\eta_{\text{h}}\tan(\beta_{\text{h}}l)}{\eta_{\text{h}} - \mathrm{i}\eta_0\tan(\beta_{\text{h}}l)} \approx \eta_0 - \mathrm{i}\omega\mu_{\text{eff}}l \tag{2-23}$$

式中 $\eta_{\text{h}} = \eta_0(\mu_{\text{eff}}/\varepsilon_{\text{h}})^{1/2}$ 表示掺杂 ENZ 媒质的等效波阻抗;$\beta_{\text{h}} = (\mu_{\text{eff}}\varepsilon_{\text{h}})^{1/2}\omega/c$ 表示掺杂 ENZ 媒质中的等效传播常数。式(2-23)的化简用到条件 $\varepsilon_{\text{h}} \approx 0$。由反射系数定义:

$$\Gamma = (Z_{\text{L}} - \eta_0)/(Z_{\text{L}} + \eta_0) \tag{2-24}$$

求出反射系数。ENZ 背景中的均匀磁场 H_0 与入射磁场 H_{inc} 通过式(2-25)关联:

$$H_0 = (1 - \Gamma)H_{\text{inc}} \tag{2-25}$$

它用到了激励波导与 ENZ 媒质界面上的磁场连续性。在第一个谐振频率 $\omega_{1,1}$ 附近,掺杂异质体中的磁场分布接近标准的 $\text{TM}_{1,1}$ 模式,因而磁场幅度最大值在矩形的几何中心取到。由磁场分布式(2-13)可得,在角频率 $\omega_{1,1}$ 附近,掺杂异质体内的磁场强度最大值为

$$H_{\max} = H_0\psi(x,y)\big|_{x=0,y=0} \approx H_0\frac{16}{\pi^2}\frac{\omega^2}{\omega_{1,1}^2 - \omega^2} \tag{2-26}$$

联立式(2-23)~式(2-26),可求得光学掺杂磁场增强因子:

$$|H_{\max}|/|H_{\text{inc}}| \approx \frac{32}{\pi^2}\left|\frac{\omega^2}{2(\omega_{1,1}^2 - \omega^2) - \mathrm{i}\omega l\left(\omega_{1,1}^2 - \omega^2 + \dfrac{64A_{\text{d}}}{A\pi^4}\omega^2\right)}\right|$$

$$\tag{2-27}$$

考虑掺杂异质体具有不同的介质损耗正切角 $\tan\delta = \mathrm{Im}(\varepsilon_d)/\mathrm{Re}(\varepsilon_d)$，将磁场增强因子随归一化角频率 ω/ω_p 变化的曲线绘制于图 2.5 中。可见，在磁导率近零区域，即 $\omega \approx \omega_0 = \omega_p$ 区间，磁场增强因子达到最大。在无损情况下，令 $\omega = \omega_0$，将 $\omega_{1,1}$ 的表达式（2-16）及 ω_0 的表达式（2-18）代入式（2-27），可求得发生 EMNZ 超耦合情况下的磁场增强因子 $|H_{\max}(\omega_0)|/|H_{\mathrm{inc}}(\omega_0)| \approx \pi^2 A/(4A_d)$，它正比于 ENZ 媒质的总面积与掺杂异质体的面积之比。代入 A 与 A_d 的数值，可求出此时的磁场增强因子约为 35，与图 2.5 中 $\tan\delta = 0$ 对应曲线的最大值基本吻合。磁场增强因子取到最大值的原因分析如下：第一，在频率 $\omega \approx \omega_{1,1}$ 附近，掺杂异质体中形成强磁谐振，内部磁场相对于 ENZ 背景磁场有显著增强；第二，当发生 EMNZ 超耦合效应，没有能量反射，利于形成场增强。如图 2.5 所示，纵使存在较大的介质损耗，如 $\tan\delta = 0.01$，仍可以实现超过 15 倍的磁场增强。

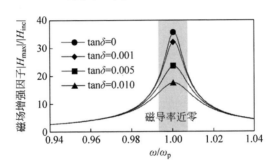

图 2.5　不同损耗正切角情况下的磁场增强因子

　　光学掺杂的场增强效应导致系统响应对局部材料参数变化的高敏感性。一般性地，考察谐振腔体内材料微扰公式[47]：

$$\left|\frac{\Delta\omega}{\omega}\right| \approx \frac{\iiint_V (\Delta\varepsilon\,|E|^2 + \Delta\mu\,|H|^2)\mathrm{d}V}{\iiint_V (\varepsilon\,|E|^2 + \mu\,|H|^2)\mathrm{d}V} \tag{2-28}$$

$\Delta\varepsilon$、$\Delta\mu$ 表示材料介电常数和磁导率的微扰。在电场（磁场）幅度较大的位置，介电常数（磁导率）微小的扰动会导致电场（磁场）储能的显著变化，从而导致腔体谐振频率发生明显偏移。基于集成光学掺杂的局域场增强效应，本书提出一款超高灵敏度的介质传感器。如图 2.6 所示，掺杂异质体介电常数微小的改变，即可导致高品质因子的 EMNZ 超耦合透射峰在频谱上发生明显移动。即使考虑实际材料的损耗，也能取到良好的介电常数传感效果。同时,在高频区上可观察到寻常的法布里-珀罗谐振透射[53],即等效 ENZ 媒质的电长度约等于半波长时发生的谐振透射。由于发生法布里-珀罗谐振时,掺杂异质体中没有显著的场增强效应,其谱线基本不随掺杂异质体介电常数变化。通过对比,更加凸显了局域场增强效应对提高电磁传感器件灵敏度的重要性。同样地,微小地改变掺杂异质体中的相对磁导率,也可显著改变透射峰的频率。高灵敏度传感器在材料科学、生物工程等领域有着重要应用[128]。

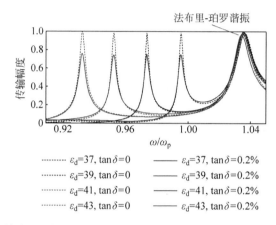

图 2.6　掺杂异质体取不同介电常数时掺杂体系的传输幅度(前附彩图)

2.4　集成光学掺杂实验验证

　　为方便理论分析,前述内容主要研究二维的光学掺杂结构,即结构和场沿着垂直于纸面方向都是不变的。接下来考虑在具体的三维结构中实现 ENZ 媒质及集成光学掺杂。首先,ENZ 背景可以由工作于截止频率附近的波导来等效[68],工作于基模 TE_{10} 模式的矩形波导的等效介电函数服从德鲁德模型[68],等离子体振荡角频率 ω_p 等于 TE_{10} 模截止角频率 $\pi c/w$,其中 w 为波导宽度;其次,掺杂 ENZ 媒质两端用于激励和接收电磁波的结构可以采用基片集成波导实现,用金属化过孔代替金属壁,采用平面印刷电路工艺一体化加工。所设计的直线型三维基片集成光学掺杂结构如图 2.7(a) 所示。波导宽度 $w=26$ mm,整体结构厚度为 5 mm。近零折射率超耦合效应的预期磁场相位分布也一并绘制在图中;磁场相位在 ENZ 媒质中保持不变。由于电磁波在近零折射率媒质中具有无限大的波长,对应的超耦合效应是几何无关的,即 ENZ 媒质可以被设计成任何形状。为验证近零折射率超耦合效应的几何无关性,本书设计了曲线型的集成光学掺杂结果,其三维结构与预期的横向磁场相位分布如图 2.7(b)所示。集成光学掺杂融合了光学掺杂概念与基片集成波导技术,实现了无等离子体损耗、集成化的 ENZ 媒质,并实现了媒质等效磁导率的灵活调控。

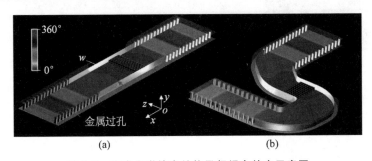

图 2.7　集成光学掺杂结构及超耦合效应示意图

(a) 直线型结构的超耦合效应;(b) 曲线型结构的超耦合效应

本书在微波频段进行集成光学掺杂的实验验证。基于平面印制电路板(PCB)工艺加工的直线型与曲线型光学掺杂结构分别如图 2.8(a)、图 2.8(b)所示。所使用的介质基板的相对介电常数为 2.65,损耗角正切值为 0.002。矩形掺杂异质体由相对介电常数为 37、损耗角正切值为 0.001 的氧化锆微波陶瓷加工而成。掺杂异质体侧壁贴有金属丝,用于抑制简并模式的干扰。内探针长度为 4.8 mm 的 SMA 接头被焊接在距离基片集成波导短路端 1/4 导波波长的位置上,作为波导到同轴线转换。基于矢量网络分析仪对传输系数进行测试。为准确测试掺杂 ENZ 媒质中的传输相位,SMA 接头及基片集成波导中的相移已通过校准从总相位中扣除。直线型的基片集成光学掺杂结构的实测传输幅度、传输相位分别如图 2.8(c)、图 2.8(d)所示,验证了高传输率的 EMNZ 超耦合透射峰的存在。当发生 EMNZ 超耦合效应时,实测传输相位接近于零,验证了零折射率特性。由于 ENZ 媒质中场的均匀性,EMNZ 超耦合效应与掺杂异质体的位置无关。因而,将掺杂异质体放置在距波导中点不同距离 d 的位置上,所得到的传输响应曲线基本一致。这里,对发生 EMNZ 超耦合效应时的系统群时延进行测试,群时延的定义是传输相位对角频率导数的相反数。如图 2.8(e)所示,在 EMNZ 超耦合透射频率上,系统的群时延显著提升,说明 EMNZ 谐振可以降低电磁波传输的群速度。高群时延特性在慢光器件设计、光学信息处理领域有

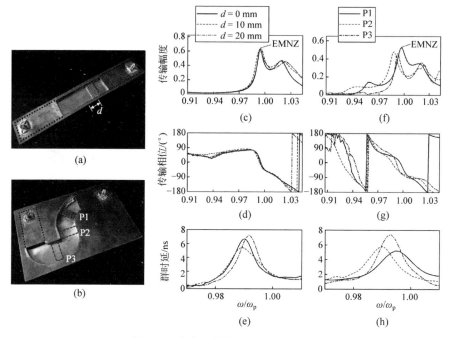

图 2.8　集成光学掺杂实验测试结果
（a）直线型集成光学掺杂结构实物图；（b）曲线型集成光学掺杂结构实物图；
（c）直线型结构传输幅度；（d）直线型结构传输相位；（e）直线型结构群时延；
（f）曲线型结构传输幅度；（g）曲线型结构传输相位；（h）曲线型结群时延

重要的作用[129]。曲线型集成光学掺杂结构的实测传输幅度、传输相位、群时延分别如图 2.8(f)、图 2.8(g)、图 2.8(h)所示,同样验证了高透射率、零相移、高群时延的 EMNZ 超耦合效应。系统的透射响应对掺杂异质体在弯曲波导结构中的位置不敏感,再次体现了光学掺杂的空间位置无关性。

2.5　本 章 小 结

　　本章提出基于平面电路架构实现对 ENZ 媒质磁响应的高效调控,形成了集成光学掺杂的概念。通过建立易于封装的矩形掺杂异质体的解析理论,本书深入阐述了集成光学掺杂对 ENZ 媒质等效磁导率的操控规律,可实现从零磁导率到理想磁导体等多种磁响应状态的连续切换。进一步,本章从光学掺杂电磁场分布对称性的角度出发,简化了集成光学掺杂结构,压低剖面至初始结构的一半,进一步降低了加工复杂度和成本。最后,本书通过微波频段的样品加工和测试,实验验证了零折射率媒质的高透射率、零相移、高群时延的超耦合效应,且验证了该基片集成的近零折射率媒质的几何无关特性。集成光学掺杂为易于平面集成、可灵活调控的近零折射率超构媒质提供了实现平台,为后续章节提出拓扑结构灵活的近零折射率电路器件和天线奠定了基础。

第 3 章　集成光学掺杂的电路应用

3.1　引　　言

电路是信息系统的重要硬件基石,是微波、毫米波乃至太赫兹领域的研究核心之一[24-26,46]。设计并实现低损耗、低串扰、结构灵活的高频电路长期以来是一个具有挑战的关键课题。电路损耗低意味着信号衰减少,对提升电子产品和系统的信噪比与能效具有重要意义。电路串扰低意味着信号完整性好,对抑制信号失真、降低误码率至关重要。电路工作频率高有利于实现大的绝对带宽,对提升处理速度和容量十分关键。电路拓扑结构灵活意味着在不同的场景下适用性强。上述都是电路设计与实现关心的重要指标。

第 2 章提出了集成光学掺杂理论,使得近零折射率关键特性与光学掺杂调控在平面电路基板上得以实现,为电路应用奠定了坚实基础。近零折射率媒质的几何无关特性可使所实现的电路具备极高的结构灵活性,原则上可任意形变弯折而不影响工作状态。近零折射率媒质可在高频呈现出空间静态分布的场型,使得人们可以将低频集总电路的设计范式推广到微波、毫米波乃至太赫兹等高频段,很大程度上简化高频分布式电路的设计。光学掺杂可通过任意位置的掺杂异质体调控近零折射率媒质的整体响应,使得相应电路具有高度可调控的优势。此外,集成光学掺杂的实现平台——基片集成波导为封闭结构,具备低串扰、低损耗、低泄漏的优势。

本章重点研究近零折射率媒质与集成光学掺杂的电路应用,从电路传输线、电路元件、多端口电路网络三个层面展开设计,揭示并讨论由近零折射率效应和光学掺杂调控带来的电路新特性、新功能。传输线是信号传输的基础,元件是电路的基本要素,电路网络是电路功能的综合载体,三个层面的研究层层递进,实现以波导和基片集成波导为平台的集成光学掺杂电路应用。

3.2　可任意弯折的波导传输线

传输线是构成微波和光学电路的基础结构,起到传递能量与信号的关键作用。首先,本书从两种经典的传输结构——微带传输线和波导传输线开始讨论。微带传输线,如图 3.1(a)所示,为平面开放结构,能够灵活转弯且保持传输幅度不受显著影响。然而,当电磁波频率上升,微带线的辐射损耗加剧[130],在太赫兹等高频段性能下降。波导传输线如图 3.1(b)所示,为封闭结构,具有较低的传输损耗。然而当遇到大角度弯折、横截面形状突变时,波导特性阻抗发生明显变化[46],造成传输效率下降。在未来高频芯片上,复杂的电路布局要求传输线应同时具备可灵活布线、低传输损耗、低串扰等特性[131,132]。本节的工作将基于掺杂 ENZ 媒质的几何无关特性,设计一款可任意弯折、灵活改变横截面形状的波导传输线,如图 3.1(c)所示,并将其命名为"电纤"。电纤基于本书第 2 章提出的 ENZ 媒质集成光学掺杂效应,它工作在 EMNZ 超耦合频率附近。

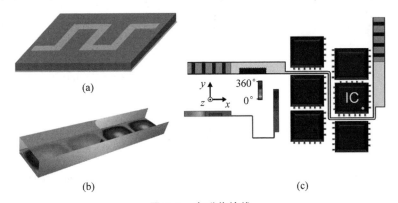

图 3.1　电磁传输线

(a) 微带传输线;(b) 波导传输线;(c)"电纤"传输线

电纤传输线的三维结构透视图如图 3.2(a)所示,其核心部件是一段等效为 ENZ 媒质的弯折波导(简称为"ENZ 波导")及其中的掺杂异质体。ENZ 波导内的实际填充媒质为空气,其宽度 w 决定 TE$_{10}$ 模式的截止频率 $f_p(f_p = 0.5c/w)$,即等效呈现出 ENZ 特性的频率。ENZ 波导两端与两段工作于导通模式的基片集成波导相连接。电纤传输线的结构侧视图及部署场景如图 3.1(c)所示,图中的黑色方块表示障碍物。传输线需要缩小横截面积、进行多次直角弯折以通过障碍物之间的狭窄缝隙,这对于传统波导而言是难以完成的任务。然而,对于工作于 EMNZ 超耦合状态的 ENZ 波导而言,形状不规则不影响电磁波的完美透射。具体地说,ENZ 光学掺杂效应只与 ENZ 媒质的总面积、掺杂异质体的参数相关。作为一个设计实例,波导宽度 w 取为 26 mm,对应截止频率 f_p 约为 5.8 GHz;掺杂异质体的相对介电常数取为 37,在 x-y 平面内的横截面积为 2.35 mm $\times$ 12 mm;ENZ 波导在 x-y 平面内的横截面积为 400 mm^2。由公式(2-15)计算得出,掺杂 ENZ 媒质的等效磁导率零点接近 f_p,因而掺杂体系在频率 f_p 附近等效为 EMNZ 媒质,具有和外界匹配的波阻抗。

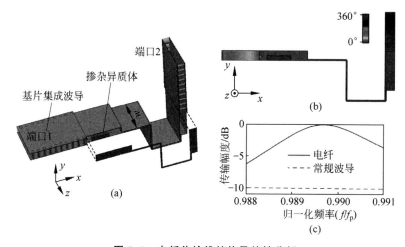

图 3.2　电纤传输线结构及特性分析

(a) 三维结构透视图;(b) $f=0.99 f_p$ 时的磁场相位分布;(c) 仿真传输幅度

电纤传输线在中心工作频率上的磁场相位分布结果如图 3.2(b)所示,考察平面选在 x-y 截面内。可见,磁场在等效为 ENZ 媒质的弯折波导中呈现出相位均匀分布特性,而在两端的基片集成波导中呈现出行波特性。因此,本书验证了电纤传输线工作于 EMNZ 超耦合透射状态。由数值仿真得到电纤传输线的传输幅度如图 3.2(c)所示,可见尽管严重弯折及形变,电纤在工作频率附近仍可实现接近 0 dB 的高传输率;而同样弯折及形变的常规矩形波导的传输幅度只在 -10 dB 左右。相比之下,电纤传输线可以在严苛条件下灵活部署,且保持良好传输性能。拓展电纤传输线工作带宽有两种基本方案:第一是降低 EMNZ 谐振的品质因子,如采用低介电常数的掺杂异质体;第二是采用多掺杂异质体方案,形成多个零磁导率频点,拓展带宽。多掺杂异质体理论将在第 5 章进行分析。

3.3　基于光学掺杂的 ENZ 元件及匹配电路

3.3.1　ENZ 元件的集总模型

3.2 节研究了基于 ENZ 光学掺杂效应的可弯折波导传输线,其可高效灵活连接各个电路元件与模块。本节将集中讨论基于掺杂 ENZ 媒质的等效集总元件,及广义阻抗匹配电路设计。集总元件是低频电子电路中的经典概念。当电磁结构尺寸远小于工作波长,电磁波的空间变化可忽略时,可采用一个集总阻抗来简单刻画其电路特性。低频集总电路设计简单、使用方便。然而,随着 5G 毫米波技术的兴起,电路的工作频率不断提升。当电磁波的空间分布不能被忽略时,集总元件的模型就难以适用。

为了将高效的集总电路设计范式推广到微波乃至太赫兹等高频段,本书提出基于掺杂 ENZ 媒质的高频集总元件的概念,以下称之为“ENZ 集总元件”。其中基本的物理思想是,由于 ENZ 媒质在非零频率依然具有无限大的波长,电磁场在其中具有空间均匀性,集总条件即可不再受到电路工作频率的约束;进一步,本书采用光学掺杂方案,对 ENZ 媒质的等效磁导率进行调控,从而灵活调节元件的等效集总阻抗。作为一个具体应用,本书将 ENZ 集总元件应用于广义阻抗匹配电路的设计,该匹配电路理论上可适用于从低频至光学的广阔频段,可针对不同场景和目标负载实现能量的最优传输。ENZ 集总元件及广义阻抗匹配电路的概念如图 3.3(a)所示,图中一个形状任意、面积为 A 的二维 ENZ 腔体中包含了若干介质掺杂异质体,腔体两侧和波导传输线相接。ENZ 腔体和波导电路外部设定为 PEC 边界条件。本书将证明:结构 3.3(a)对应的等效电路如图 3.3(b)所示,整块掺杂 ENZ 媒质可被等效为一个集总电抗元件 iX_s。广义匹配电路既可对电路元件或模块进行阻抗匹配,亦可实现电磁能量从导波到辐射的高效转换,还可向吸收性粒子进行最优能量传输。

首先,本书建立 ENZ 集总元件的严格理论,给出等效集总阻抗 iX_s 的解析表达式。元件工作于横磁 TM 模式,即磁场极化垂直于纸面。环绕掺杂 ENZ 腔体计算电场环路积分并应用法拉第电磁感应定律,得到:

$$\oint_{\partial A} \boldsymbol{E} \cdot \mathrm{d}\boldsymbol{l} = E_o h_o - E_i h_i = i\omega\mu_0 H_0 \left(A - \sum_d A_d + \sum_d \iint_{A_d} \psi^d \mathrm{d}s \right)$$

$$(3\text{-}1)$$

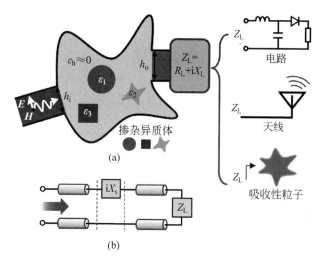

图 3.3 ENZ 集总元件及广义匹配的概念

（a）基于 ENZ 集总元件的广义阻抗匹配电路概念图；（b）等效电路图

式中 h_i、h_o 为掺杂 ENZ 腔体的输入、输出端口高度；E_i、E_o 为输入、输出端口电场；H_0 表示 ENZ 背景中的磁场，为一与空间坐标无关的常数；A_d、ψ^d 为掺杂异质体的面积和归一化磁场。根据光学掺杂等效磁导率 μ_{eff} 的表达式[20]，式（3-1）可化简为

$$E_o h_o - E_i h_i = i\omega\mu_0\mu_{eff}A H_0 \qquad (3\text{-}2)$$

引入二维输入、输出阻抗的定义 $Z_{in} = E_i h_i / H_0$、$Z_o = E_o h_o / H_0$，可得 Z_{in} 的表达式：

$$Z_{in} = Z_o - i\omega\mu_0\mu_{eff}A \qquad (3\text{-}3)$$

可见，一块嵌入波导中的掺杂 ENZ 媒质相当于一个串联集总电抗元件，其电抗值为

$$X_s = -\omega\mu_0\mu_{eff}A \qquad (3\text{-}4)$$

该元件值与 ENZ 媒质的几何形状、掺杂异质体的排列无关。通过光学掺杂调节 ENZ 等效磁导率 μ_{eff}，我们可以连续改变电抗值（从正无穷到负无穷），实现集总容抗和感抗。ENZ 集总元件的两个特殊状态为：当 ENZ 媒质中不包含任何掺杂异质体，即 $\mu_{eff} = 1$，此时 ENZ 集总元件为感性；当掺杂 ENZ 媒质处于 EMNZ 状态，即 $\mu_{eff} = 0$，元件电抗值为零，不引入任何影响。

3.3.2　基于 ENZ 元件的广义匹配电路

本书基于可灵活调控的 ENZ 集总元件搭建高频广义匹配电路。包含两个电抗元件 X、X_p' 的匹配电路如图 3.4(a)左侧所示,其中并联元件 X_p' 可以通过在前后加入两段 1/4 波长传输线转化成串联元件 X'。在并联元件 X_p' 前后连接特性阻抗为 $\eta_0(=377\ \Omega)$ 的 1/4 波长传输线,整体 $ABCD$ 矩阵可写为

$$\begin{bmatrix} 0 & -\mathrm{i}\eta_0 \\ -\mathrm{i}/\eta_0 & 0 \end{bmatrix} \cdot \begin{bmatrix} 1 & \mathrm{i}X_p' \\ 0 & 1 \end{bmatrix} \cdot \begin{bmatrix} 0 & -\mathrm{i}\eta_0 \\ -\mathrm{i}/\eta_0 & 0 \end{bmatrix} = - \begin{bmatrix} 1 & 0 \\ \mathrm{i}X_p'/\eta_0^2 & 1 \end{bmatrix}$$

$$(3\text{-}5)$$

公式(3-5)等号右边即对应一个串联元件 $\mathrm{i}X_p'/\eta_0^2$ 的 $ABCD$ 矩阵[46]。所有串联电抗元件都可通过掺杂 ENZ 腔体实现,最终的电路结构如图 3.4(a)右侧所示。ENZ 媒质的相对介电函数由德鲁德模型描述,即:$\varepsilon_h(f)=1-(f_p/f)^2$,等离子体振荡频率 $f_p=5.5\ \mathrm{GHz}$。元件 X、X_p' 对应 ENZ 腔体 1、腔体 2 的面积分别为 $0.073\lambda_p^2$、$0.039\lambda_p^2$,λ_p 是频率为 f_p 的电磁波自由空间波长。这里采用一个空气填充的阶梯波导模拟包含实部、虚部的负载 Z_L:

$$Z_L = \eta_0 \frac{1-\mathrm{i}(h_1/h_2)\tan(k_0L_1)}{h_1/h_2 - \mathrm{i}\tan(k_0L_1)} \tag{3-6}$$

式中,h_1/h_2 为负载阶梯波导的高度之比,取值为 10;k_0 为空气媒质中的波数,高剖面的波导的长度 $L_1=0.183\lambda_p$。频率 f_p 处的负载阻抗 Z_L 由式(3-6)计算得为 $(2.1-4.0\mathrm{i})\eta_0$。经过简单电路分析,若要使负载阻抗 Z_L 变换为空气填充的 TEM 波波导的特征阻抗 η_0,电抗 X、X' 的值应为 $0.51\eta_0$ 和 $0.27\eta_0$。掺杂 ENZ 腔体所需的等效磁导率 μ_{eff} 可由公式(3-4)计算。先设定腔体 1、腔体 2 中各包含 1 个圆柱形掺杂异质体,且掺杂异质体的相对介电常数 ε_d 均设为 88,为实现特定的等效磁导率 μ_{eff},圆柱半径可以由式(1-15)确定。理论计算出的掺杂 ENZ 腔体 2 的等效磁导率如图 3.4(b)所示,腔体 1 的等效磁导率如图 3.4(c)点划线所示。数值仿真得到的匹配电路传输系数幅度如图 3.4(d)点划线所示。可见,在中心频率 f_p 附近,匹配网络的传输系数幅度接近 1,实现了理想匹配。人们可通过改变掺杂异质体,实现对广义匹配电路整体工作带宽的控制。考虑在腔体 1 中掺入两个半径分别为 R_1、R_2 的圆柱异质体,通过调节半径,可不改变 f_p 处的等效磁导率 μ_{eff} 取值而改变 μ_{eff} 曲线在 f_p 附近的斜率,从而调节

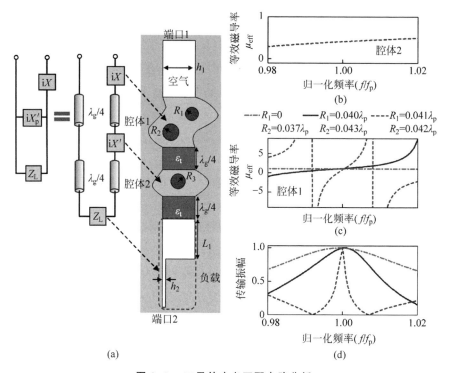

(a)

图 3.4　二元件广义匹配电路分析

(a) 二元件广义匹配电路结构;(b) 掺杂 ENZ 腔体 2 的等效磁导率;

(c) 腔体 1 等效磁导率;(d) 传输振幅

集总元件的色散。如图 3.4(c)所示,当 R_1、R_2 的取值接近,分别处于 f_p 两侧的磁导率极点也在频谱上接近,从而使得 f_p 处的磁导率色散变强,于是如图 3.4(d)所示,形成了一个高频谱品质因子的传输峰。

　　本书可基于 ENZ 集总元件演示更高阶的匹配电路。包含一个并联元件和两个串联元件的"T"形匹配网络如图 3.5(a)左侧所示,其中的并联元件可通过加载 1/4 波长传输线($\varepsilon_t = 1$)的方法转换为串联元件。串联集总元件 X_1、X''、X_2 可分别通过三个掺杂 ENZ 腔体实现。三个 ENZ 腔体分别包含半径为 R_1'、R_2'、R_3' 的圆柱形掺杂异质体,腔体面积分别为 $0.032\lambda_p^2$、$0.037\lambda_p^2$、$0.048\lambda_p^2$。掺杂异质体的相对介电常数为 88。最终的电路结构如图 3.5(a)右侧所示。这里考虑两种电路元件取值情况。情况 1:X_1、X''、X_2 分别等于 $-1.39\eta_0$、$-0.27\eta_0$、$5.63\eta_0$,对应掺杂异质体半径 R_1'、R_2'、R_3' 分别为 $0.0410\lambda_p$、$0.0428\lambda_p$、$0.0409\lambda_p$;情况 2:X_1、X''、X_2 分别等于

$1.63\eta_0$、$0.22\eta_0$、$2.17\eta_0$,对应掺杂异质体半径 R_1'、R_2'、R_3' 分别为 $0.0418\lambda_p$、$0.0422\lambda_p$、$0.0411\lambda_p$。如图 3.5(b)所示,两种情况下匹配电路的传输振幅均在中心频率 f_p 处接近 1,但带宽有很大的不同。这是因为情况 1 采用的高频集总元件值的色散更弱,利于实现较大的带宽。基于掺杂 ENZ 媒质的高频集总元件,人们可搭建形式灵活的匹配电路,并方便地对工作带宽进行调控。

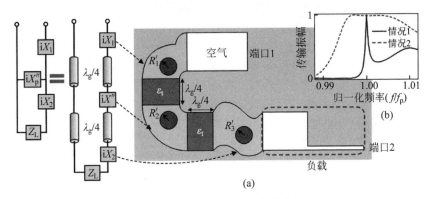

图 3.5　三元件广义匹配电路分析

(a) 三元件广义匹配电路结构;(b) 传输振幅

　　进而本书对掺杂 ENZ 元件及广义匹配电路进行实验验证。考虑如图 3.6(a)上侧所示的波导电路结构,作为负载的阶梯波导结构参数 $L_1 = 11$ mm,$h_1 = 10$ mm,$h_2 = 1$ mm,填充媒质为空气。由公式(3-6)可计算出负载阻抗在频率 $f_p = 5.5$ GHz 处为 $(0.92-2.74\mathrm{i})\eta_0$。基本的匹配思路是利用串联掺杂 ENZ 元件抵消负载阻抗中的虚部。掺杂 ENZ 腔体的长度 $L = 20$ mm,所选取的矩形掺杂异质体的相对介电常数为 40,截面积为 12 mm×2.4 mm。根据式(2-15),计算出掺杂 ENZ 腔体的等效磁导率在 f_p 处为 -0.82,进而由式(3-6)计算出掺杂 ENZ 元件的阻抗为 $2.74\eta_0\mathrm{i}$,正好抵消负载阻抗虚部。在此基础上,通过调节馈电波导填充媒质的介电常数 ε_f,使得馈电波导的特征阻抗与负载阻抗的实部相等,计算得 $\varepsilon_f = 1.5$。全波数值仿真得到的磁场幅度分布如图 3.6(a)下侧所示。电磁波从端口 1 馈入,端口 2 输出。输入波导中没有出现驻波分布,反映了良好的阻抗匹配。数值仿真得到的传输系数幅度如图 3.6(b)所示,传输振幅在预定频率 f_p 附近接近 1。由于 ENZ 媒质中的磁场均匀性,掺杂异质体的位置改变对传输性能没有影响。

　　所加工的波导匹配电路实物如图 3.6(c)所示,掺杂 ENZ 腔体宽度

$W=27.2$ mm，波导在 TE_{10} 模式截止频率 f_p 附近等效实现 ENZ 媒质[68]。采用相对介电常数约为 40 的微波陶瓷来加工掺杂异质体；掺杂异质体表面覆有金属铜丝，用于抑制波导 TM 模式。实测传输系数幅度谱如图 3.6(d) 所示。高传输率的频带和数值仿真结果吻合，证明了匹配效果和掺杂异质体的位置无关。传输幅度低于 1 的原因来自于介质基板和陶瓷材料的损耗。基于波导等效 ENZ 媒质，本书验证了掺杂 ENZ 腔体可起到高频匹配元件的作用。

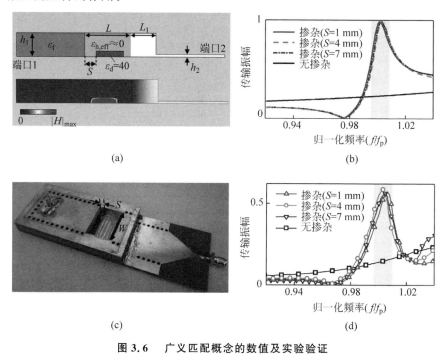

图 3.6　广义匹配概念的数值及实验验证

(a) 匹配阶梯波导结构与磁场分布仿真结果；(b) 不同掺杂异质体位置情况下的传输
振幅仿真结果；(c) 匹配电路实物图；(d) 实测传输振幅

本书将 ENZ 元件应用到匹配辐射结构上，提升电磁能量从导波模式到辐射模式的转换效率。由于辐射口面附近金属结构的寄生电容效应，输入阻抗 Z_L 的虚部不为零，导致从波导馈入的电磁波一部分被反射。为了抵消口面的输入电抗，这里采用掺杂 ENZ 媒质等效串联元件，并使得其电抗值和 Z_L 的虚部抵消。考虑长方形的二维 ENZ 腔体，高度为 $h=0.01\lambda_p$，长度 $L_0=\lambda_p$。为在频率 f_p 处实现完美匹配，根据式(3-4)计算得相对等效磁导率为 0.35；又根据基片集成光学掺杂理论公式(2-15)设计选取矩形掺

杂异质体的尺寸为 $0.22\lambda_p \times 0.045\lambda_p$。基于 PCB 工艺加工的实物如图 3.7
(a)所示。馈电波导的基板相对介电常数为 2.65。反射系数的数值仿真结
果和实测结果如图 3.7(b)所示，两者基本吻合。相比于无掺杂的情况，引
入掺杂异质体后反射系数明显下降，最低处接近 0.1。这意味着，相比于无
匹配情况，天线效率有显著提升。实验同时验证了匹配效果和掺杂异质体
的位置没有明显关联，符合光学掺杂的位置无关特性。

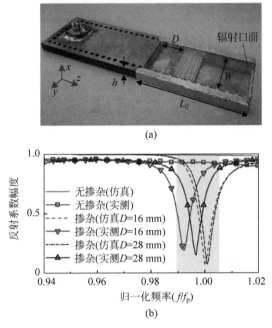

图 3.7　ENZ 元件匹配辐射口面实验

(a) 实物结构图；(b) 仿真与实测反射系数谱

　　作为广义匹配方案的最后一个应用实例，本书使用 ENZ 集总元件匹配
带损耗的吸收性粒子。将电磁能量送入吸收性粒子在生物医学工程领域有
着重要的应用[133,134]。但如何提高电磁能量进入吸收性粒子的效率是一
个技术难题。本书从阻抗匹配的角度，为解决此问题提供一个全新视角。
如图 3.8 所示，若干介电常数带虚部的吸收性粒子被放置在 ENZ 腔体中，
电磁波从高度为 h_i 的空气填充的波导馈入 ENZ 腔体。为减少电磁波的反
射，在 ENZ 腔体中引入一个介电常数为 ε_d 的圆柱形掺杂异质体。采用和
此前类似的推导，应用法拉第电磁感应定律，从腔体和馈电波导界面上看到
的输入阻抗 Z_{in} 为

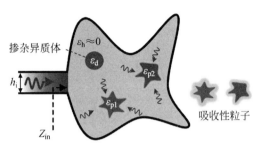

图 3.8　匹配吸收性粒子概念图

$$Z_{\mathrm{in}} = \mathrm{i}\omega\mu_0\left(A - A_{\mathrm{d}} + \iint_{A_{\mathrm{d}}} \psi^{\mathrm{d}}\,\mathrm{d}A - A_{\mathrm{ap}} + \sum\iint_{A_{\mathrm{ap}}} \psi^{\mathrm{ap}}\,\mathrm{d}A\right)\Big/ h_{\mathrm{i}} \quad (3\text{-}7)$$

式中 A、A_{d}、A_{ap} 分别表示 ENZ 腔体、掺杂异质体、吸收性粒子的面积；ψ^{d}、ψ^{ap} 分别表示掺杂异质体和吸收性粒子中的归一化磁场分布。由于吸收性粒子介电常数为复数，其内部的磁场 ψ^{ap} 是一个复数；假设掺杂异质体是无损的，因此 ψ^{d} 是一个实数。从式(3-7)看出，输入阻抗由两部分组成，一部分来自 ENZ 背景和吸收性粒子的贡献：

$$Z_{\mathrm{ap}} = \mathrm{i}\omega\mu_0\left(A - A_{\mathrm{ap}} + \sum\iint_{A_{\mathrm{ap}}} \psi^{\mathrm{ap}}\,\mathrm{d}A\right)\Big/ h_{\mathrm{i}} \quad (3\text{-}8)$$

另一部分来自于掺杂异质体的贡献：

$$Z_{\mathrm{d}} = \mathrm{i}\omega\mu_0\left(\iint_{A_{\mathrm{d}}} \psi_{\mathrm{d}}\,\mathrm{d}A - A_{\mathrm{d}}\right)\Big/ h_{\mathrm{i}} \quad (3\text{-}9)$$

输入阻抗 Z_{in} 中的虚部分量表示电抗成分，无法和一个实数阻抗匹配。通过选择掺杂异质体的尺寸和介电常数，令阻抗 Z_{ap} 和 Z_{d} 的虚部相互抵消：

$$\mathrm{Im}(Z_{\mathrm{ap}}) + Z_{\mathrm{d}} = 0 \quad (3\text{-}10)$$

输入阻抗中剩余的实数部分，可通过 1/4 波长阻抗变换器进行匹配。

考虑一个具体设计案例。如图 3.9(a)所示，正方形 ENZ 腔体的边长 L_{s} 为 $1.1\lambda_{\mathrm{p}}$（λ_{p} 为 $f_{\mathrm{p}} = 5.5\ \mathrm{GHz}$ 的自由空间波长）；吸收性粒子的相对介电常数 $\varepsilon_{\mathrm{p}} = 10 + 0.1\mathrm{i}$，面积为 $0.171\lambda_{\mathrm{p}}^2$。掺杂异质体半径 $R = 0.061\lambda_{\mathrm{p}}$，相对介电常数为 40。空气填充的馈电波导的高度 $h_{\mathrm{i}} = 0.183\lambda_{\mathrm{p}}$。馈电波导和 ENZ 腔体之间的阻抗变换线的长度 $L_{\mathrm{q}} = 0.078\lambda_{\mathrm{p}}$，填充介质的相对介电常数 $\varepsilon_{\mathrm{q}} = 11$。图 3.9(a)的等效电路如图 3.9(b)中插图所示。由全波数值仿真得到的反射系数谱如图 3.9(b)所示，在预设的频率 f_{p} 处，电磁波无反射地进入 ENZ 腔体，被吸收性粒子吸收。该匹配方案的效果和掺杂异质体、吸收性粒子在 ENZ 腔体中的具体位置无关，因此具有较高的部署灵活度。

ENZ 媒质可以工作在红外乃至光学频段[12]，因此该激励吸收性粒子的方案在广阔的频段具有应用前景。

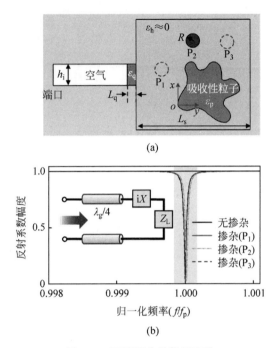

(a)

(b)

图 3.9　匹配吸收性粒子实验

（a）光学掺杂匹配吸收性粒子的装置示意图；（b）数值仿真反射系数幅度

3.4　基于光学掺杂的 ENZ 功分网络

3.3 节讨论了单端口 ENZ 元件的阻抗特性与两端口匹配电路应用，本节将把 ENZ 电路的研究推广到 N 端口网络，基于 ENZ 媒质的几何无关特性及光学掺杂的阻抗匹配功能实现一种多路功分器。所提出的功分器具有中心枢纽横截面形状可灵活设计、功率分配比可灵活设计的优势。功率分配与功率合成器是微波、毫米波电路的重要组件，被广泛应用于波束成形网络、平衡型功率放大器和混频器设计等方面[135,136]。随着大规模雷达与通信系统的发展，低插入损耗的多路功分器研发成了热点课题。传统方案中，基于多个级联的两路功分器可以实现一个多路功分器。然而，该方案中功分器的损耗随着输出端口数增加而显著上升[137]。基于单个中心枢纽的多路功分器设计[138,141]是近年来被广泛关注的新方案。通过采用圆周对称的结构作为中心枢纽,将输入功率同幅同相地分配到各个端口。该方案虽然具有低插入损耗、高平衡度的优势,但也面临如下挑战:①如何实现多路功率的不等均匀分配,乃至根据实际需求定制功率分配比? ②如何降低对结构对称性的要求,以便根据不同应用场景灵活设计功分器的结构拓扑? 本节将基于 ENZ 媒质与光学掺杂的特性,实现中心枢纽形状任意、输出相位高度平衡、功率分配比可设计的功分器。

3.4.1 任意几何的 N 端口 ENZ 网络理论

不失一般性,首先分析一个一般性 ENZ 网络的散射特性。如图 3.10 所示,考虑一块面积为 A、形状任意的二维 ENZ 媒质,其中包含一个介电常数为 ε_d 的掺杂异质体。该掺杂 ENZ 媒质作为中心枢纽与 N 个平板波导连接。波导的宽度记作 l_1, l_2, $\cdots$, l_N;用于填充波导的媒质的波阻抗记作 η_1, η_2, $\cdots$, η_N;波导的 N 个端口记作 P_1, P_2, $\cdots$, P_N。网络的激励设为 TEM 波,磁场极化沿着 z 轴。为求得 ENZ 网络的散射参数矩阵,沿 ENZ 媒质的边界计算电场环路积分,并应用法拉第电磁感应定律,得到:

$$\oint_{\partial A} \boldsymbol{E} \cdot \mathrm{d}\boldsymbol{l} = \sum_{p=1}^{N} E_p l_p = \mathrm{i}\omega\mu_0\mu_{\mathrm{eff}}H_0 A \tag{3-11}$$

式中,E_p ($p=1$, 2, $\cdots$, N)代表第 p 个波导与 ENZ 媒质交界处的切向电场;μ_{eff} 是掺杂 ENZ 媒质的等效磁导率;ENZ 媒质中均匀分布的磁场用 H_0

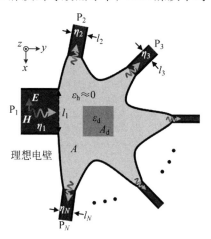

图 3.10　N 端口 ENZ 网络示意图

表示。假定激励第 m 个波导,而让其余的波导作为输出波导且匹配。那么,输出波导与 ENZ 媒质交界的界面上只存在外行的透射波,可写为 $E_p = E_{p,\text{out}}(p \neq m)$。又根据切向场连续性,在输出波导与 ENZ 媒质界面上,磁场和电场满足如下关系:

$$E_{p,\text{out}}/H_0 = \eta_p, \quad p \neq m \tag{3-12}$$

可见,由于 ENZ 媒质中的磁场空间均匀性,输出波导中的电场幅度相位均一致,天然具有平衡输出的特性。为了推导网络的输入阻抗,将式(3-11)稍加变化,改写为

$$-E_m l_m/H_0 = -\mathrm{i}\omega\mu_0\mu_{\text{eff}}A + \sum_{p \neq m} E_{p,\text{out}} l_p/H_0 \tag{3-13}$$

式(3-13)左端为电压与电流密度之比,即为从第 m 个波导看入的二维输入阻抗。将式(3-12)代入,并根据输入反射系数与输入阻抗的关系,方程(3-13)整理为

$$S_{m,m} = \frac{-E_m l_m/H_0 - \eta_m l_m}{-E_m l_m/H_0 + \eta_m l_m} = \frac{-\mathrm{i}\omega\mu_0\mu_{\text{eff}}A + \sum_{p \neq m}\eta_p l_p - \eta_m l_m}{-\mathrm{i}\omega\mu_0\mu_{\text{eff}}A + \sum_{p \neq m}\eta_p l_p + \eta_m l_m}$$

$$\tag{3-14}$$

这正是从第 m 个波导与 ENZ 媒质界面看入的反射系数。进一步,需求出从激励端口 P_m 到任意一个输出端口 $P_n (n \neq m)$ 的透射系数。为此,对方程(3-13)做如下处理:首先将等式左端的电场 E_m 写成入射电场 $E_{m,\text{in}}$ 与反射电场 $S_{m,m} \cdot E_{m,\text{in}}$ 之和,即 $E_m = (1 + S_{m,m})E_{m,\text{in}}$;而后代入式(3-12)消去(3-13)等号右端的 E_p;最后将磁场 H_0 用所考察的第 n 个波导的电场-波阻抗比($E_{n,\text{out}}/\eta_n$)替换。于是得到 $E_{n,\text{out}}$ 与 $E_{m,\text{in}}$ 之比:

$$E_{n,\text{out}}/E_{m,\text{in}} = -2\eta_n l_m / \left(-\mathrm{i}\omega\mu_0\mu_{\text{eff}}A + \sum_{p=1}^{N}\eta_p l_p\right), \quad n \neq m \tag{3-15}$$

根据散射参数定义[46],式(3-15)可写为

$$S_{n,m} = \frac{E_{n,\text{out}} l_n / \sqrt{\eta_n l_n}}{E_{m,\text{in}} l_m / \sqrt{\eta_m l_m}} = \frac{-2\sqrt{\eta_m \eta_n l_m l_n}}{-\mathrm{i}\omega\mu_0\mu_{\text{eff}}A + \sum_{p=1}^{N}\eta_p l_p}, \quad n \neq m \tag{3-16}$$

由式(3-14)与式(3-16)可将 N 端口 ENZ 网络的散射参数矩阵写出:

$$\boldsymbol{S}_{N \times N} = \boldsymbol{I}_{N \times N} - \frac{2}{-\mathrm{i}\omega\mu_0\mu_{\text{eff}}A + \sum_{p=1}^{N}\eta_p l_p}\boldsymbol{\xi}_{N \times N} \tag{3-17}$$

式中,$\boldsymbol{I}_{N\times N}$ 是一个 N 维单位矩阵;$\boldsymbol{\xi}_{N\times N}$ 是一个 N 维对称方阵,其元素为 $\xi_{n,m}=(\eta_m\eta_nl_ml_n)^{1/2}$。

特别指出,上述散射参数的相位参考面取在每个波导与 ENZ 媒质的界面上。以下将端口 P_1 指定为网络的输入端口,其余端口为输出端口。由式(3-14)可知,为了实现端口 P_1 阻抗匹配,即 $S_{1,1}=0$,需要同时满足 $\mu_{\mathrm{eff}}=0$ 和如下条件:

$$\sum_{p=2}^{N}\eta_pl_p=\eta_1l_1 \tag{3-18}$$

零磁导率可以抵消 ENZ 媒质中心枢纽的感抗,等效实现零磁通,而式(3-18)的物理意义是网络输入与输出端的阻抗平衡。零磁导率的 ENZ 媒质可通过光学掺杂实现,式(3-18)可通过调节波导的宽度和填充材料得以满足。

3.4.2　8 路均等分的功分器设计

本节基于多端口 ENZ 网络理论设计一款 N 路均等分功分器,即功分器的每个输出端口的输出信号相位、幅度均一致。考虑输入端口阻抗匹配条件,令 $\eta_1l_1/(N-1)=\eta_2l_2=\cdots=\eta_Nl_N$,且 $\mu_{\mathrm{eff}}=0$,式(3-17)中散射矩阵化简为

$$\boldsymbol{S}_{N\times N}=\begin{bmatrix} 0 & \dfrac{-1}{\sqrt{N-1}} & \dfrac{-1}{\sqrt{N-1}} & \cdots & \dfrac{-1}{\sqrt{N-1}} \\ \dfrac{-1}{\sqrt{N-1}} & \dfrac{N-2}{N-1} & \dfrac{-1}{N-1} & \cdots & \dfrac{-1}{N-1} \\ \dfrac{-1}{\sqrt{N-1}} & \dfrac{-1}{N-1} & \dfrac{N-2}{N-1} & \ddots & \vdots \\ \vdots & \vdots & \ddots & \ddots & \dfrac{-1}{N-1} \\ \dfrac{-1}{\sqrt{N-1}} & \dfrac{-1}{N-1} & \cdots & \dfrac{-1}{N-1} & \dfrac{N-2}{N-1} \end{bmatrix} \tag{3-19}$$

散射矩阵的对角元素表示每个端口的反射系数。$S_{1,1}=0$ 表明输入端口匹配条件已满足。除 $S_{1,1}$ 外,矩阵第一列或第一行的其余元素表示从端口 1 到其他输出端口的传输系数,均等于 $-(N-1)^{-1/2}$,体现了网络同幅同相的均等分特性。矩阵中的其余非对角元素表征输出端口之间的耦合水平。

图 3.11 分别展示了所设计的 8 路均等分波导功分器的俯视图与三维

透视图。中心枢纽腔体的几何参数设定为：$r_1 = 12.5$ mm，$r_2 = 6.25$ mm，$r_3 = 6$ mm，$h = 27.5$ mm。其中 h 决定了波导 TE_{10} 模的截止频率 $f_0 = c/(2h) = 5.45$ GHz。中心腔体枢纽的横截面积为 670 mm^2。方柱形介质掺杂异质体需根据公式(2-15)进行设计，使得等效磁导率曲线的第一个零点等于 f_0。掺杂异质体的横截面边长选为 14 mm，相对介电常数 ε_d 选为 9.9。介质掺杂异质体四个侧面覆有宽度为 1.5 mm 的金属细条，用以抑制电场极化平行于 z 轴的腔体 TM 模式[20]。输入波导的宽度 l_1 为 20 mm，填充媒质的相对介电常数 ε_{iw} 为 2.1。8 个输出波导的宽度 l_{2-9} 均为 3 mm，填充媒质的相对介电常数 ε_{ow} 为 2.65。根据波导等效媒质理论[68]，输出波导在频率 f_0 处的等效波阻抗分别为 $[\varepsilon_{iw} - c^2/(2f_0 h)^2]^{-1/2}\eta_0 = 1.1^{-1/2}\eta_0$、$[\varepsilon_{ow} - c^2/(2f_0 h)^2]^{-1/2}\eta_0 = 1.65^{-1/2}\eta_0$，$\eta_0 (= 377\ \Omega)$ 表示自由空间中的波阻抗。容易验证所选参数使得式(3-18)成立。

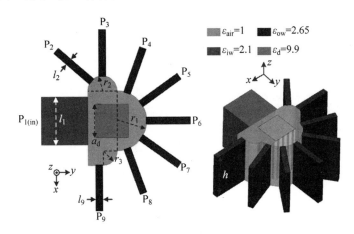

图 3.11　8 路均等分波导功分器俯视图与三维透视图

功分器的全波分析借助有限元仿真软件 HFSS。8 路均等分功分器在中心频率处的磁场幅度、相位分布分别被绘制在图 3.12 中；观察面取在 $z = h/2$ 面上。由于光学掺杂效应，磁场幅度在掺杂物内显著增强；磁场幅度在 ENZ 媒质背景和输入输出波导中均匀分布。磁场相位在 ENZ 媒质背景内均匀分布，保证了输出端口的电磁波相位一致性。该设计对 ENZ 媒质中心枢纽腔体的几何形状没有限制，极大降低了功分器对结构对称性的要求。

全波仿真得到的功分器散射参数幅度谱展示在图 3.13(a) 中。输入端

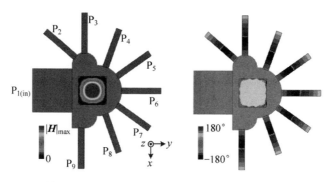

图 3.12　8 路均等分波导功分器在 5.45 GHz 的磁场幅度与相位分布(前附彩图)

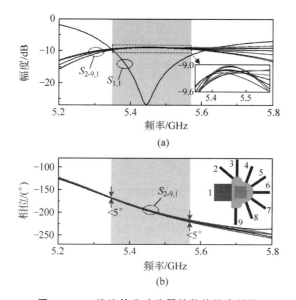

图 3.13　8 路均等分功分器的数值仿真结果

(a) 散射参数幅度随频率变化；(b) 散射参数相位随频率变化

口 P_1 的反射系数 $S_{1,1}$ 幅度在 $5.35\sim5.60$ GHz 小于 -10 dB，说明功分器在此带宽内具有良好的输入阻抗匹配特性。设计功分器时采用了横截面积相对较小的 ENZ 背景腔体及低介电常数的掺杂异质体，利于减弱掺杂 ENZ 媒质的等效磁导率色散，拓展带宽；同时，功分器对损耗的敏感性也会明显下降，有利于减小插入损耗。如图 3.13(a) 所示，在 $5.35\sim5.57$ GHz 频带内，从输入端口 P_1 到输出端口 P_{2-9} 的传输系数 $S_{2,1}$，$S_{3,1}$，$\cdots$，$S_{9,1}$ 维持在 -9.3 dB 左右，所有支路的传输幅度不一致性小于 0.5 dB。根据式(3-19)，

并令式中 $N=9$(即 1 个输入端口加 8 个输出端口),得到理想的 8 路均等分 ENZ 网络的传输幅度为 $20\lg[(N-1)^{-1/2}]\approx-9.03$ dB。可见,数值仿真结果与理论分析结果相吻合。如图 3.13(b)所示,在 $5.35\sim5.57$ GHz 频带内 8 路传输系数 $S_{2,1}$,$S_{3,1}$,$\cdots$,$S_{9,1}$ 的相位不一致性小于 $5°$。由此,数值仿真验证了在中心枢纽形状不规则的情况下,基于 ENZ 网络的功分器仍然保持高度平衡的输出幅度和相位。输出端口之间的耦合,即 $|S_{m,n}|$(m,$n=2,\cdots,N-1$,$m\neq n$)的数值仿真结果低于 -17 dB,与理论结果 $20\lg[(N-1)^{-1}]\approx-18.1$ dB 接近,维持在较低水平。

3.4.3　10 路非均等分的功分器设计

ENZ 网络的一大优势在于可灵活设计输出支路的功率分配比,同时维持多路传输相位相等。本节设计了一款基于 ENZ 网络的 10 路非均等分功分器。图 3.14 展示了所设计的非均等分波导功分器的俯视图与三维透视图。ENZ 腔体以及掺杂异质体的参数和 3.4.2 节设计的均等分功分器保持一致,即功分器的理论工作频率在 $f_0=c/(2h)=5.45$ GHz 附近。在功分器的 10 路输出波导中,对应端口 P_2、P_3、P_4 的三个输出波导的宽度 l_2、l_3、l_4 均为 1 mm,对应端口 P_{5-11} 的 7 个输出波导的宽度 l_{5-11} 均为 3 mm。输入波导的参数和 3.4.2 节均等分设计一致,其余材料参数标注在图 3.14 中。根据所选择的几何参数与材料参数,容易验证,输入阻抗匹配条件式(3-18)也满足。由于 ENZ 媒质中的磁场均匀性,通过改变输出波导的宽度,即可灵活设计各路的输出功率分配比。根据输出波导参数,由式(3-16)计算出 10 路功率分配比为 $1:1:1:3:3:3:3:3:3:3$。

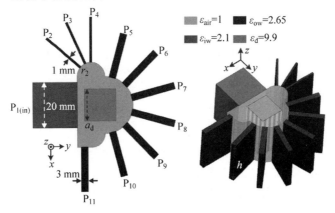

图 3.14　10 路非均等分波导功分器俯视图与三维透视图

对 10 路非均等分功分器的散射参数进行全波仿真,反射系数与传输系数的幅度谱展示在图 3.15(a)中,10 路传输系数的相位展示在图 3.15(b)中。在 5.33～5.58 GHz 频带内,反射系数 $S_{1,1}$ 小于 −10 dB,证实了良好的阻抗匹配效果。从输入端口 P_1 到输出端口 P_{2-4} 的传输系数幅度 $|S_{2-4,1}|$ 在 5.33～5.54 GHz 频带内均保持在 −14.5 dB 左右,与式(3-16)得出的理想值 −13.8 dB 接近。从输入端口 P_1 到输出端口 P_{5-11} 的传输系数幅度 $|S_{5-11,1}|$ 在此频带内的不平衡度小于 0.5 dB,保持在 −9.4 dB 左右,与理想值 −9.03 dB 接近。根据数值仿真结果,两组传输幅度 $|S_{5-11,1}|$ 与 $|S_{2-4,1}|$ 的平均差值约为 $4.77(\approx 10\lg3)$ dB,证实了任一宽波导与窄波导的输出功率比为 3:1。10 条支路的传输相位如图 3.15(b)所示,在 5.33～5.54 GHz 频带内的传输相位不一致性小于 5°,反映了高度平衡的输出相位响应。

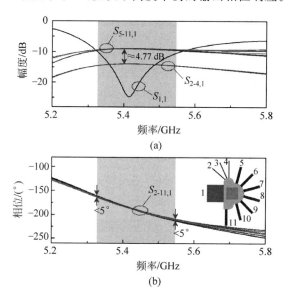

图 3.15　10 路非均等分功分器的数值仿真结果
(a) 散射参数幅度随频率变化;(b) 散射参数相位随频率变化

3.4.4　实物加工测试与讨论

本节主要介绍上述两款基于 ENZ 网络的功分器的加工与测试。功分器的中心枢纽,即 ENZ 腔体采用计算机数控(CNC)金属铣腔工艺进行加工。金属加工所选用的材料是高纯度铝材,电导率为 3.8×10^7 S/m。光学掺杂异质为线切割而成的氧化铝陶瓷块,相对介电常数为 9.9,损耗正切角为万分之二。陶瓷块四周侧壁镀有金属细条。输出波导基于标准的 PCB 工艺进行加工。所选用的介质基板的相对介电常数为 2.65,损耗正切角为 0.002。输入波导采用聚四氟乙烯材料制作,外壁包裹双面导电的铜箔胶带,聚四氟乙烯材料的相对介电常数为 2.1,损耗正切角为 0.001。8 路均等分波导功分器实物如图 3.16 所示。图中标注的关键结构参数为: $s=50$ mm, $d_1=11$ mm, $d_2=16$ mm, $h=27.5$ mm。

图 3.16　8 路功分器实物图

如图 3.17(a)所示,在 5.35~5.56 GHz 频带内,功分器输入端口反射系数 $S_{1,1}$ 幅度低于 -10 dB,8 路传输系数幅度均在 -9.6 dB 附近,传输幅度不平衡小于 0.7 dB。对于理想的 8 路均等分功分器而言,传输幅度应该为 $20\lg[(8)^{-1/2}]\approx-9.03$ dB。因此,所实现的功分器的平均实测插入损耗约为 0.6 dB。实测传输相位如图 3.17(b)所示,8 路输出相位在 5.35~5.56 GHz 频带内的不平衡度小于 $10°$,验证了相位高度平衡的输出特性。功分器输出端口间的传输幅度的实测结果如图 3.18 所示。工作频带内,输出端口间的耦合低于 -17.5 dB。由式(3-19)得输出端口间的耦合水平的理论值为 $20\lg[(N-1)^{-1}]\approx-18.1$ dB,式中 $N=9$。可见,实测结果和理论结果基本一致。

10 路非均等分的波导功分器实物照片如图 3.19 所示。10 路输出波导中,宽度为 3 mm 的波导可直接与 SMA 探针相连;宽度为 1 mm 的输出波导特性阻抗较低,采用波导-微带线过渡结构与 SMA 接头相连。图中标记的过渡结构的关键参数如下: $h=27.5$ mm, $w_1=11$ mm, $w_2=2.7$ mm, $s_1=27$ mm, $s_2=20$ mm。10 路非均等分功分器的实测散射系数幅度谱如图 3.20(a)所示。在 5.36~5.56 GHz 频带内,功分器反射系数 $S_{1,1}$ 低于 -10 dB,反映了良好的输入阻抗匹配效果;从输入端口 P_1 到输出端口

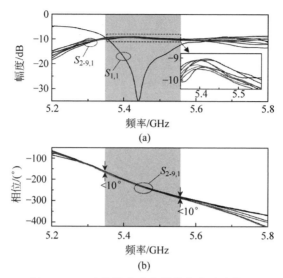

图 3.17　8 路均等分功分器的实验测试结果

（a）散射参数幅度随频率变化；（b）散射参数相位随频率变化

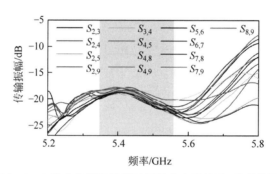

图 3.18　8 路功分器输出端口间耦合实测结果（前附彩图）

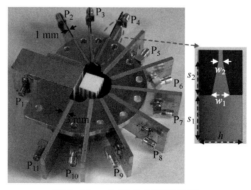

图 3.19　10 路功分器实物图

P_{2-4} 的传输幅度均在 -14.5 dB 左右,到端口 P_{5-11} 的传输幅度维持在 -9.7 dB 左右,验证了 $1:1:1:3:3:3:3:3:3:3$ 的功率分配比。10 路输出相位高度平衡,在 $5.36 \sim 5.56$ GHz 频带内相位不平衡度小于 $10°$,如图 3.20(b)所示。10 路功分器输出端口间的传输幅度的实测结果如图 3.21 所示,输出端口之间的传输幅度均低于 -18 dB,反映了输出端口间的耦合水平较低。

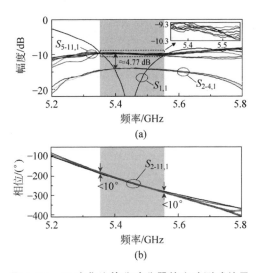

图 3.20　10 路非均等分功分器的实验测试结果

(a) 散射参数幅度随频率变化;(b) 散射参数相位随频率变化

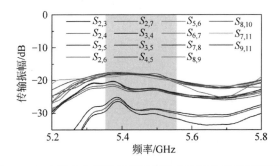

图 3.21　10 路功分器输出端口间耦合实测结果(前附彩图)

这里将所提出的功分器和基于中心枢纽结构的功分器[138-141]进行对比,关键指标比较结果如表 3.1 所示。可见,基于 ENZ 网络的多路功分器可以实现较大的输出支路数目和较低的插入损耗。更为关键的是,基于

ENZ 网络的多路功分器可以实现多样的功率分配比,包括功率均等分和非均等分情况。此外,由于 ENZ 媒质的几何无关特性,中心枢纽结构没有严格的对称性要求,可以根据具体场景灵活设计枢纽几何形状,且维持较高的输出相位平衡度。在本工作中,理想的 ENZ 响应在波导的截止频率附近呈现,因此所实现的功分器的工作带宽相对受限。未来可研究色散更加平缓的电磁结构来等效 ENZ 媒质,如文献[142]、文献[143]提出的介电函数呈现多个零点的 ENZ 媒质。

表 3.1   所提出的多路功分器与现有同类型工作对比

功分器	工作频段/GHz	输出支路数	插入损耗/dB	功率分配可设计	枢纽对称性要求
文献[138]	26.5~40	4	2.5	否(等分)	圆周对称
文献[139]	4.75~5.8	8	1	否(等分)	圆周对称
文献[140]	8~12	10	0.3	否(等分)	圆周对称
文献[141]	28~36	12	1	否(等分)	圆周对称
本工作,设计 1	5.35~5.55	8	0.6	是(等分)	无要求
本工作,设计 2	5.35~5.55	10	0.7	是(非等分)	无要求

3.5 本 章 小 结

本章提出了近零折射率媒质与集成光学掺杂的电路应用,围绕"传输线—元件—电路网络"三个层面进行分析、设计与验证。首先,基于集成光学掺杂的超耦合效应,本书提出并设计了可任意弯折、形变的波导传输线——"电纤",其在布局复杂的场景下可实现低串扰、高效率的电磁信号传输。电纤传输线融合了微带线的灵活可弯折优势和波导传输线的低损耗优势。而后,基于光学掺杂对 ENZ 媒质的磁导率调控,本书提出并实现了电抗值可任意设计的高频集总元件,并以此搭建了广义匹配电路,可对微波电路、天线、吸收性粒子进行最优能量传输。本书设计并验证了一阶、二阶、三阶的广义匹配电路。最后,本书将电路应用研究拓展至多端口情形,提出了几何无关的 ENZ 网络的概念,并建立了 S 参数网络模型。基于 ENZ 网络,本书设计并加工了中心枢纽形状可灵活选取的功分器,实现了传输相位高度平衡、幅度配比可灵活设计的功率分配。光学掺杂起到匹配功分器输入阻抗的重要作用,显著降低了反射损耗,提升了器件效率。综上所述,本章将近零折射率特性与光学掺杂调控引入电路设计中,实现了拓扑结构灵活的微波电路设计及应用,并可推广至毫米波等更高频段。

第 4 章　集成光学掺杂的天线应用

4.1　引　　言

天线是将传输线中的导行波转化为自由空间中的辐射波的变换器,在无线通信、传感、目标追踪与定位等多个领域发挥了重要的作用[48,49]。随着第五代移动通信技术(5G)[4,5]的迅猛发展,工业界对天线性能的要求越来越高。天线的性能指标大体上分为电路指标和空间辐射指标。电路指标包括天线的工作带宽、反射系数等,空间辐射指标包括极化、增益、辐射方向图等。从电磁理论的角度,考虑到电磁波动效应同时体现在时间和空间两个方面,天线的工作频率和其具体结构是紧密相关的。同时,天线的结构(如辐射口面间距等)又决定了天线的辐射特性[48]。因此,天线的电路指标和辐射指标相互联系,需要协同设计。

为了提高天线设计的自由度,实现工作频率和空间辐射性能的独立调控,本章提出 ENZ 天线的概念。工作频率和纵向结构无关是波导等效 ENZ 媒质的重要性质。由于 ENZ 媒质中波长趋近于无限,电磁场呈现出时域振荡而空间静态分布的特性,即场的空间波动特性被抑制,这为形成几何无关的波动效应提供了基础。本章借助基片集成波导与金属波导实现 ENZ 天线,称之为"波导等效 ENZ 天线"。波导等效 ENZ 天线能够充分发挥 ENZ 媒质的几何无关特性,同时具有低损耗、易于集成的优势。本章将提出三种类型的波导等效 ENZ 天线,详细分析它们的独特性能与优势。在最后一种类型的 ENZ 天线设计中,本书引入集成光学掺杂,对 ENZ 天线的电磁场结构与辐射方向图进行高效调控。

4.2　波导等效 ENZ 天线的基本形式及特性

4.2.1　天线结构及工作模式

本节工作基于基片集成波导(SIW)等效实现 ENZ 响应,实现了一种具有几何无关特性的平面 ENZ 天线。波导等效 ENZ 天线的几何结构与工作频率相互独立,从而具有更高的辐射特性设计自由度。基于 SIW 的平面 ENZ 天线的基本结构如图 4.1(a)所示。SIW 长度 $L_1=42$ mm,宽度 $W=23.4$ mm,厚度 $H=2$ mm,基板相对介电常数 $\varepsilon_r=3.5$;SIW 侧壁金属过孔直径 $D=1$ mm,间距 $P=2$ mm。当 SIW 工作于 TE_{10} 模式的截止频率附近,可等效为 ENZ 媒质,以下给出具体分析和计算过程。由波导等效媒质理论[68],波导 TE_{10} 模式的等效介电函数可写成:

$$\varepsilon_{eff}(f) = \varepsilon_r(1 - f_0^2/f^2) \tag{4-1}$$

f_0 为 TE_{10} 模式的截止频率。这里使用 SIW,f_0 由 SIW 等效宽度 W_{eff} 决定:

$$f_0 = c/(2\sqrt{\varepsilon_r}W_{eff}) \tag{4-2}$$

W_{eff} 由式(4-3)给出[115]:

$$W_{eff} = W - D^2/(0.95P) \tag{4-3}$$

根据式(4-2)及式(4-3)计算出 $f_0=3.5$ GHz,即波导等效 ENZ 天线的工作频率。天线的全波分析借助有限元仿真软件 HFSS。天线谐振时的电场分布如图 4.1(b)所示。电场沿着 SIW 长度方向呈现出同幅同相的零次模分布,反映了 ENZ 媒质中波长无限大的特性。

为实现阻抗匹配,需要调节馈电探针距离 SIW 中截面的位置。在 SIW 中截面,电场最大,磁场最小,故而输入阻抗最大;在 SIW 两侧边,由于短路边界条件,输入阻抗为零。通过调节 $S_1(=9.6$ mm)可以获得输入阻抗等于 50 Ω 的最佳馈电位置。等效磁流 J_m 和口面电场 E 的关系为

$$J_m = -n \times E \tag{4-4}$$

n 表示口面单位外法向量。由于 SIW 中的电场同相,而两端辐射口面的法向量方向相反,因此两个辐射口面上的磁流反相。为清楚起见,将等效磁流标注在图 4.1(b)对应的辐射口面上。由于截止模式电场沿着 SIW 均匀分布,我们可拉伸甚至弯曲 SIW 而不影响模式的频率。所设计的平面弯折型波导 ENZ 天线结构如图 4.1(c)所示。通过将天线结构弯折形成"C"形,使 SIW 的开放口面朝向同一侧,口面中心间距为 64 mm。天线在谐振频率 f_0 处的电场分布如图 4.1(d)所示,电场沿着弯折 SIW 为同幅同相分布,再次体现了工作于截止模式的 SIW 在沿着波导方向上可等效实现 ENZ 响应,且不受 SIW 弯曲与否的影响。在图 4.1(d)中,由于电场同相且辐射口面法向量指向同一侧,两个辐射口面上的等效磁流为同相关系。

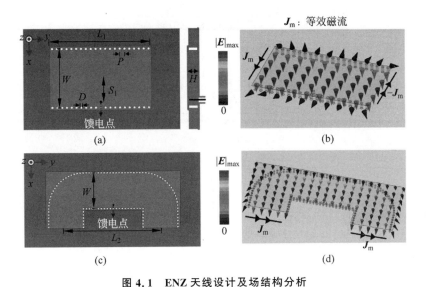

图 4.1　ENZ 天线设计及场结构分析

(a) 直型 ENZ 天线结构；(b) 直型 ENZ 天线电场矢量分布；(c) 弯折型 ENZ 天线
结构；(d) 弯折型 ENZ 天线电场矢量分布

4.2.2　可独立操控的辐射方向图与工作频率

接下来分析波导等效 ENZ 天线的工作频率与长度的关系。图 4.2(a)给出了长度为 $0.35\lambda_0$（λ_0 为 $f_0 = 3.5$ GHz 的电磁波自由空间波长）、$0.70\lambda_0$、$1.05\lambda_0$、$1.40\lambda_0$ 的直型波导等效 ENZ 天线的反射系数谱。天线的工作模式，即实现 ENZ 响应的 SIW 截止模式，出现在理论预测的 $f_0 = 3.5$ GHz 附近。将天线长度即口面间距变化数倍，该模式的频率几乎不发生改变。在 SIW 截止模式频率以上，还存在着高次模式 TM_{120}、TM_{140} 等，由于它们沿着 SIW 呈现出非均匀的驻波分布，模式对应的频率随天线口面间距的变化而改变。同理，如图 4.2(b)所示，平面弯折型波导等效 ENZ 天线的工作频率也在 $f_0 = 3.5$ GHz 附近，且不随口面间距变化而改变。因此，通过全波数值仿真，本书验证了波导等效 ENZ 天线的工作频率与口面间距无关，实现了天线结构与工作频率的"解耦"，简称为"空频解耦"设计。

直型和平面弯折型波导等效 ENZ 天线的三维增益方向图分别如图 4.3(a)和图 4.3(b)所示。直型天线呈现出差波束方向图，沿着 z 轴正上方为零点；平面弯折型天线呈现出边射和波束方向图。由于波导等效 ENZ

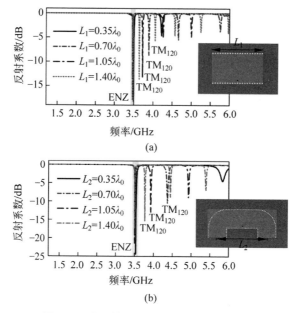

图 4.2 波导等效 ENZ 天线的反射系数谱

(a) 直型 ENZ 天线对应结果；(b) 平面弯折型 ENZ 天线对应结果

天线的工作频率和口面间距无关，我们可以在固定频点任意调节口面间距，从而改变天线辐射特性。如图 4.3(a) 所示，随着口面间距不断增加，差波束在 yoz 面主瓣宽度不断变小，两主瓣也逐渐靠近；如图 4.3(b) 所示，和波束的 yoz 面主瓣宽度随着口径间距增加而减小，同时增益逐渐增加。这里以差波束为例，具体考察 yoz 截面上的二维方向图。考虑两个反相激励的辐射源沿着 y 轴排列，间距为 L_1，那么 yoz 面阵因子可表示为

$$F(\theta) = \sin\left(\frac{k_0 L_1}{2}\sin(\theta)\right) \tag{4-5}$$

θ 表示观察方向和 $+z$ 轴的夹角；k_0 表示自由空间电磁波波数。可见，阵因子沿 z 轴($\theta = 0°$)为零点，两个主瓣位于 $\theta_{max} = \pm\arcsin(\pi/(k_0 L_1))$。若频率不变($k_0$ 不变)，θ_{max} 随着口面间距 L_1 的增加而减小。图 4.4 给出了不同口面间距下，直型波导等效 ENZ 天线的差波束张角及平面弯折型波导等效 ENZ 天线的增益数值结果。随着口面间距从 $0.35\lambda_0$ 增加至 $1.40\lambda_0$，直型天线差波束方向图两个主瓣张角从 105°减小至 34°。随着口面间距从 $0.35\lambda_0$ 增加至 $1.05\lambda_0$，平面弯折型天线的和波束方向图的增益从 6.9 dBi 增加到最大值 8.4 dBi。间距继续增加将导致栅瓣产生，增益下降。由于

ENZ 天线的空频解耦特性,通过改变天线的辐射口面间距可在较大范围内灵活调控天线的辐射特性,如增益、波束宽度等。

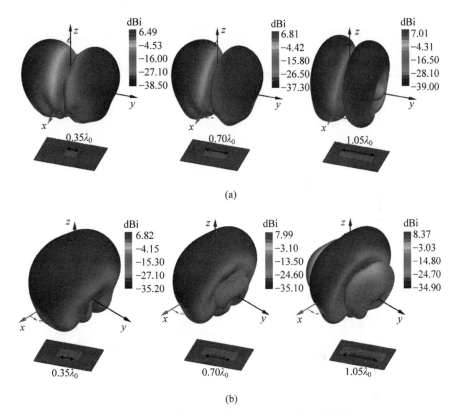

(a)

(b)

图 4.3 波导等效 ENZ 天线的三维方向图(前附彩图)

(a) 直型 ENZ 天线对应结果;(b) 平面弯折型 ENZ 天线对应结果

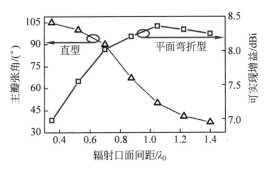

图 4.4 波导等效 ENZ 天线的辐射特性随口面间距增加的变化规律

4.2.3　天线加工及测试

采用印制电路板工艺加工波导等效 ENZ 天线,介质基板厚度为
2 mm,相对介电常数为 3.5,损耗正切角为 0.002。直型和平面弯折型实物
如图 4.5(a)和(b)所示,天线金属地面尺寸分别为 80 mm × 120 mm、
95 mm×130 mm。两款天线的实测反射系数谱如图 4.5(c)所示。与理论
预测一致,直型和平面弯折型的波导等效 ENZ 天线的工作频率均在
3.5 GHz 附近,验证了工作频率的几何无关特性。由于天线剖面较低,Q
值较高,反射系数小于−10 dB 的阻抗带宽约为 20 MHz(≈0.5%)。进一
步增加天线工作带宽的方法包括增加天线剖面、采用空气介质等。两款天
线在 yoz 平面内的增益方向图实测结果如图 4.5(d)所示。直型波导等效
ENZ 天线为差波束方向图,中心零点深度超过 35 dB,双主瓣指向 $\theta=$
$\pm38°$,最大增益为 5.2 dBi。平面弯折型波导等效 ENZ 天线为边射和波束
方向图,主瓣指向 $\theta=0°$,最大增益为 6.5 dBi,yoz 平面内半功率波束宽度
约为 35°。两款天线在中心工作频率上的效率分别为 62%、70%。因此,本书

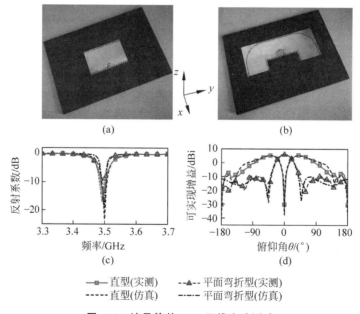

图 4.5　波导等效 ENZ 天线实验测试

(a) 直型波导等效 ENZ 天线实物;(b) 平面弯折型波导等效 ENZ 天线实物;

(c) 天线反射系数谱;(d) 天线 yoz 面增益方向图

验证了通过改变波导等效 ENZ 天线的口面间距及朝向,可实现截然不同的辐射方向图,且维持天线的工作频率不变。本书验证了 ENZ 材料的几何无关特性可为天线辐射特性调控提供更高自由度。

4.3　水平全向高增益 ENZ 天线设计

电磁波在 ENZ 媒质中具有趋近于无穷的波长,理论上利于形成一个均匀的、电大尺寸的辐射口面。根据辐射理论,当口面上的电磁场同幅同相分布时,天线可以提供最大的方向性[48,144]。二维高增益天线对应一个高增益的针状波束,将能量集中发送往一个特定方向。在一些特定的通信场景下,人们需要对一个圆环形的大扇区进行高效覆盖。为此,需要将辐射能量约束在水平面内,实现天线水平全向高增益辐射。

本节利用波导等效 ENZ 媒质的截止模式,通过在波导侧壁上引入准一维部分反射器,在若干个波长的范围内构造准一维的均匀分布的磁流。所设计的天线能够同时满足一定带宽(覆盖 2.4 GHz-WiFi 频段)、高增益($\approx$8.5 dBi)、低水平面增益起伏($<$2.3 dB)、高效率($>$86%)等多个指标,且具备高功率容量、结构紧凑的特点。

4.3.1　天线结构与工作原理

由天线理论[48]可知,均匀分布的线磁流对应电场水平极化的水平全向辐射方向图。在金属地面上刻蚀矩形槽,并在槽两边加电压,构成横跨槽的电场(见图 4.6 左侧)是形成磁流的简单方式。然而,该方案产生的辐射在 ±z 方向相互抵消,形成辐射零点。为解决辐射相消,提高方向图的圆度,可以采用腔体口面等效磁流的方式。如图 4.6 右侧所示,激励起的电场绕过腔体,在 x-z 平面内形成圆度较高的辐射方向图。

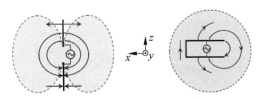

图 4.6　金属地面上的槽天线及开口腔体天线的电场分布与方向图

为在较长的距离内保持同幅同相的 ENZ 场模式从而实现高增益,本书提出了侧壁加载准一维部分反射器的 ENZ 天线结构,如图 4.7 所示。其主要特点是在细长的金属腔体的侧面开口上覆盖一条由金属、缝隙组成的部分反射结构。部分反射结构的想法来源于二维法布里-珀罗腔体天线[144]。用部分反射结构代替完全开放的口面,使电磁波在金属底板和部分反射面之间来回反射,在口面形成均匀的电场分布。为了保持细长型口面上的均匀电场分布,本书提出了准一维部分反射器的设计,具体结构如图 4.7 所示。它通过在金属框的两条直角弯折边上引入沿一维周期分布的槽结构实现。整个天线由一个顶部带圆盘的探针结构激励,以抵消馈电端口处多余的感抗。天线结构关键参数如下:$r = 3.8$ mm,$h_1 = 3.5$ mm,$w_1 = 36$ mm,$d = 17$ mm,$g = 0.8$ mm,$l = 56$ mm,$p = 60$ mm,$w_2 = 2$ mm,$h = 3.9$ mm。天线沿着 y 轴方向由六节相同的单元构成。反射器上的槽结构长度 l 接近半个工作波长。

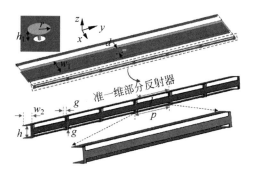

图 4.7　侧面加载准一维部分反射器的细长型 ENZ 天线的分解透视图

　　准一维部分反射器的单元结构如图 4.8 所示。数值仿真得到的反射幅度与相位如图 4.9 所示。可见,反射系数幅度在考察的频段内均高于 0.95。同时,通过调节槽的长度 l 可有效改变反射相位。为了从理论上确定 ENZ 模式(即截止模式)的频率,本书采用标准的横向谐振分析方法[46]。回到图 4.7,从部分反射器与天线腔体的相接面向 $+x$ 方向(部分反射器方向)看,输入阻抗可以表示为

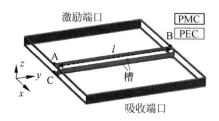

图 4.8　准一维部分反射器单元结构及单元仿真相关的边界、端口设置

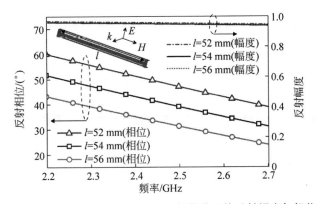

图 4.9　不同开槽长度的准一维反射器单元的反射幅度与相位

$$Z_1 = \eta_0 (1+\Gamma)/(1-\Gamma) \tag{4-6}$$

式中,η_0 表示真空中的波阻抗;Γ 表示部分反射器的反射系数,由图 4.9 给出。从部分反射器与天线腔体的相接面向 $-x$ 方向看,终端短路腔体的输入阻抗为

$$Z_2 = -\mathrm{i}\eta_0 \tan(k_0 w_1) \tag{4-7}$$

式中,$k_0 (=2\pi f/c)$ 表示真空中电磁波波数。根据横向谐振条件[46]:

$$Z_1 + Z_2 = 0 \tag{4-8}$$

将式(4-6)、式(4-7)代入式(4-8),整理可得:

$$f_n = \frac{c}{4w_1} \left(\frac{\mathrm{Arg}[\Gamma(f_n)]}{180°} + 2n - 1 \right), \quad n=1,2,3,\cdots \tag{4-9}$$

这里已将反射系数 Γ 的幅值近似为 1。式(4-9)中 $n=1$ 的情况对应最低阶的横向谐振模式(TM$_{10}$),也即电场沿着天线口面均匀分布的 ENZ 模式。代入天线的结构参数,可求得 $f_1 = 2.46$ GHz。在此频率上,天线中的矢量电场分布如图 4.10 所示。电场沿着天线口面延伸方向(y 轴)保持同幅同相的分布,验证了等效波长无限大的 ENZ 效应。通过引入部分反射表面,我们在大尺度范围内实现了电场同幅同相的 ENZ 模式,构造了均匀的辐射口面。

图 4.10　天线 TM$_{10}$ 模式(ENZ 模式)的电场分布

4.3.2 天线加工及测试

天线加工基于激光切割工艺。在一片厚度为 0.3 mm 的黄铜板上用激光刻出所有槽结构,而后将金属板弯曲折叠,最后焊接密封。加工的天线实物如图 4.11 所示。用于馈电的圆盘加载的探针结构也被一并展示在图中。该天线具有无介质损耗、高功率容量等优势。实测与仿真的天线反射系数如图 4.12 所示。实测结果与数值仿真结果吻合,说明天线能够在 2.46 GHz 附近产生谐振。频率较低的 TM_{10} 模式(ENZ 模式)对应的反射系数 -10 dB 频带为 $2.41 \sim 2.50$ GHz。高频 TM_{12} 模式的口面电场不同相,不在考虑范围内。

图 4.11　细长型 ENZ 天线的实物图(前附彩图)

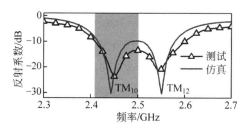

图 4.12　测试与仿真的天线反射系数

天线三维增益方向图仿真结果如图 4.13(a)所示。由于口面沿 y 轴延伸,天线的辐射能量被集中在 xoz 平面及附近。数值仿真说明,天线在 2.46 GHz 频率处可实现的增益高达 8.5 dBi。天线在 2.46 GHz 频率处、xoz 平面内的方向图的测试与仿真结果展示在图 4.13(b)中,其中水平极化电场 E_θ 为主极化分量,垂直极化电场 E_φ 为交叉极化分量。xoz 平面内水平极化实测最大增益接近 8.5 dBi,增益起伏小于 2.3 dB,交叉极化增益基本被控制在 -30 dBi 之下。天线辐射场在 yoz 平面内呈现出近似"8"字形的增益方向图,主波束指向 $\pm z$ 轴方向,如图 4.13(c)所示。yoz 面内主波束宽度约为 30°,主波束范围内交叉极化和主极化比低于 -20 dB。图 4.14 给出了天线增益与水平面(xoz 面)内的增益不圆度,即最大增益与最小增益值之差。在 2.41～2.50 GHz 范围内,天线增益高于 7 dB,水平面内增益不圆度小于 2.3 dB,能够满足 2.4 GHz-WiFi 频段水平全向覆盖的需求。

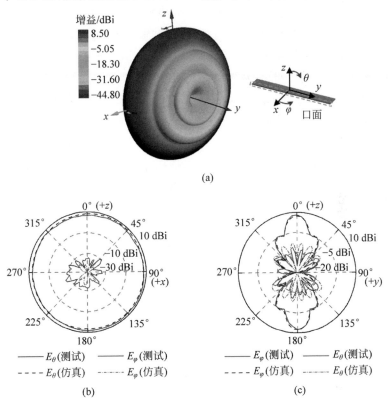

图 4.13　天线仿真与测试结果(前附彩图)

(a) 细长型 ENZ 天线的数值仿真三维增益方向图;(b) xoz 面内的仿真与测试增益;
(c) yoz 面内的仿真与测试增益

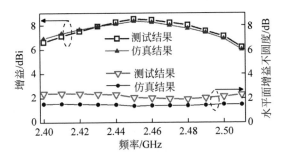

图 4.14　天线增益与水平面增益不圆度

　　由于天线是全金属结构,在微波频段损耗极低,频带内天线总效率仿真值高于 90%,实测值高于 86%。为定量衡量细长型天线的口面电场均匀程度,可定义增益-长度比,即用天线增益的线性值比上天线口面长度。口面长度用工作波长 λ 来衡量。所设计的细长型 ENZ 天线的最大增益-长度比为 $2.41/\lambda$。这里,将细长型 ENZ 天线与近年提出的水平极化、水平全向高增益天线[145,146]进行对比,对比结果见表 4.1。文献[145]基于级联腔结构实现水平全向高增益辐射,最大增益-长度比为 $2.12/\lambda$。文献[146]提出基于微带磁单极子和微带磁偶极子的水平全向高增益天线设计,最大增益-长度比分别为 $1.76/\lambda$、$1.60/\lambda$。可见,基于波导等效 ENZ 媒质的方案可以实现最大的增益-长度比,即最大的口面电场均匀性。

表 4.1　本书所提出天线与现有同类型天线对比

天　　　线	工作频段/GHz	尺寸(λ^3)	增益/dBi	增益-长度比
文献[145]	5.83~5.95	3.35×0.36×0.04	7.94~8.67	$2.12/\lambda$
文献[146],设计 1	2.37~2.52	3.00×0.23×0.04	5.6~7.2	$1.76/\lambda$
文献[146],设计 2	2.35~2.53	6.00×0.23×0.04	8.1~9.7	$1.60/\lambda$
本书	2.41~2.50	2.95×0.31×0.032	7.10~8.52	$2.41/\lambda$

4.4　光学掺杂的波导等效 ENZ 天线

　　4.2 节介绍了基于基片集成波导实现的 ENZ 天线的基本结构及“空频解耦”特性。对于两端开口的直型波导等效 ENZ 天线而言,其辐射方向图由两个反相磁流的辐射场叠加构成,为边射方向呈现零点的差波束方向图。许多无线通信场景需要边射方向上具有最大增益的方向图,即边射方向图。因此本节提出了具有几何无关特性的边射平面天线。为了使两端口面上的电场反相(磁流同相),本书采用集成光学掺杂技术对波导中的场分布进行调控。

4.4.1　天线结构与工作原理

　　贴片天线是实现边射方向图的经典平面结构。如图 4.15(a)所示,矩形贴片天线工作于基模 TM_{10} 模式,电场(浅色矢量箭头所示)在间距为 L 的辐射口面上反相,因此两个口面上的等效磁流同相,叠加出在贴片正上方具有最大增益的边射方向图。贴片天线具有低剖面、易于组阵、便于电路集成等显著优势[147],因此得到广泛使用。TM_{10} 场模式要求贴片天线口面间

距 L 应约为介质中波长的一半,贴片天线的工作频率随着口面间距 L 的增加而降低,规律如图 4.15(b)所示。贴片天线口面间距在工作频率上的电长度(物理长度相比于工作波长)是相对固定的,因而在这一维度上缺少设计自由度。为融合贴片天线的优点和 ENZ 天线的口面间距自由可调特点,本节提出光学掺杂 ENZ 天线的设计,其结构如图 4.15(c)所示。这里仍采用工作在截止频率附近的波导结构等效实现 ENZ 响应,并在其中引入一块工作于半波长谐振模式的掺杂异质体,使得电场在异质体区域反向,于是在两个朝向相反的辐射口面上实现同相磁流,故而得到与贴片天线类似的边射方向图。光学掺杂 ENZ 天线中的电场矢量如图 4.15(c)中浅色箭头所示,在掺杂异质体之外的波导区域内,电场沿天线长度方向为均匀分布。因此,天线的工作频率与口面间距 L 无关,其反射系数谱如图 4.15(d)所示。光学掺杂 ENZ 天线在固定的工作频率上具备可灵活设计的口面间距,因此相较于经典微带天线具有工作频率和辐射特性可独立设计的优势。

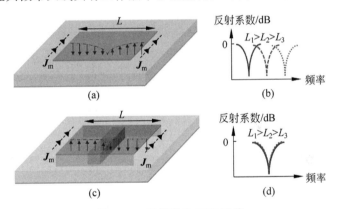

图 4.15　光学掺杂 ENZ 天线

(a)矩形贴片天线结构与电场分布;(b)矩形贴片天线反射系数谱;(c)光学掺杂 ENZ 天线结构与电场分布;(d)光学掺杂 ENZ 天线反射系数谱

　　基于 SIW 结构的光学掺杂 ENZ 天线结构如图 4.16(a)所示。基片集成波导宽度 $W=18.8$ mm,金属过孔直径 $D=1.0$ mm,周期 $P=3.0$ mm;基板的相对介电常数 $\varepsilon_r=2.2$。基片集成波导在 TE_{10} 模式截止频率 f_0 附近呈现出 ENZ 响应;基片集成波导等效宽度 W_{eff} 可由式(4-3)计算得到。长方体掺杂异质体的尺寸为 $L_d \times W_d \times h = 4.8$ mm$\times 17.5$ mm$\times 3$ mm,相对介电常数 $\varepsilon_d=34$。为使得电场沿着 x 方向反向,掺杂异质体需工作在 TM_{110}^z 模式上,其频率由式(4-10)给出:

$$f(\mathrm{TM}_{110}^z) = \frac{c}{2\sqrt{\varepsilon_{\mathrm{d}}}}\sqrt{\frac{1}{W_{\mathrm{d}}^2}+\frac{1}{L_{\mathrm{d}}^2}} \qquad (4\text{-}10)$$

令 ENZ 频率和掺杂异质体 TM_{110}^z 模式的频率相等,即 $f_0 = f(\mathrm{TM}_{110}^z)$。在此设计中,两频率均约等于 5.5 GHz。为了获得良好的馈电输入阻抗匹配,馈电探针的位置应选择得当;此设计中探针位置参数为 $d_x = 2.6$ mm,$d_y = 3.0$ mm。由全波仿真得到的天线反射系数谱如图 4.16(b)所示。天线的谐振频率由基片集成波导的宽度及掺杂异质体决定,而与天线的长度 L 无关。当 L 由 $0.22\lambda_0$(λ_0 为频率为 f_0 的电磁波自由空间波长)增加至 $1.02\lambda_0$,光学掺杂 ENZ 天线的工作频率始终保持在理论预测的 5.5 GHz 附近(图 4.16(b)标识的灰色区域),再次验证了 ENZ 媒质的几何无关特性。

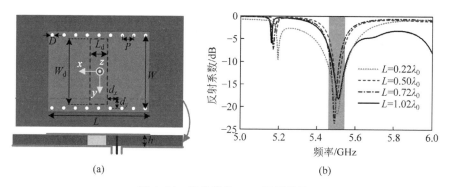

图 4.16 光学掺杂 ENZ 天线设计

(a)光学掺杂 ENZ 天线的结构俯视图及截面图;(b)不同口面间距情况下的
天线反射系数仿真结果

为更清晰地解释光学掺杂 ENZ 天线的长度-频率无关特性,本书给出工作频率 $f_0 = 5.5$ GHz 处的天线内电场和磁场分布,分别如图 4.17(a)和(b)所示。电场幅度在掺杂异质体中心面上为零,说明电场过中心面就反向;掺杂异质体之外电场沿着基片集成波导均匀分布。天线结构中,磁场主要集中在掺杂异质体内部,并在其中心面(yoz 面)上达到最大值,符合介质谐振腔 TM_{110}^z 的场型特征。光学掺杂 ENZ 天线对称面 xoz 面上的归一化电场分布如图 4.17(c)所示。电场在掺杂区域反向,而在非掺杂区域维持相对稳定的一个值。可见,波导等效 ENZ 媒质可"复制"掺杂异质体侧面场型并延伸到任意长度。

本书进而通过理论建模对光学掺杂 ENZ 天线的辐射方向图进行分析。参照图 4.16(a)中的坐标系设定,基片集成波导腔体中的电场分布如下给定:

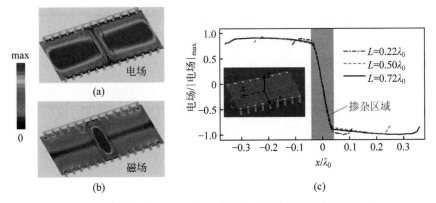

图 4.17　光学掺杂 ENZ 天线工作频率处的各类分布（前附彩图）

（a）电场幅度分布；（b）磁场幅度分布；（c）不同口面间距情况下的天线反射系数仿真结果

$$E = \begin{cases} \hat{z}E_0 \cos(\pi y/W_{eff}), & -L/2 < x < -L_d/2 \\ \hat{z}E_0 \cos(\pi y/W_{eff})\sin(\pi x/L_d), & -L_d/2 < x < L_d/2 \\ -\hat{z}E_0 \cos(\pi y/W_{eff}), & L_d/2 < x < L/2 \end{cases} \quad (4\text{-}11)$$

辐射口面上的等效磁流密度分布如下：

$$\boldsymbol{J}_m = -2\boldsymbol{n} \times \boldsymbol{E} \mid_{x=\pm L/2} = \hat{y}2E_0 \cos(\pi y/W_{eff}) \quad (4\text{-}12)$$

这里已经考虑了无限大金属地板对磁流的镜像效应。磁流辐射的矢量势及电场由式(4-13)给出[48]：

$$\boldsymbol{A}_m = \frac{h}{4\pi} \int_{-W_{eff}/2}^{W_{eff}/2} \boldsymbol{J}_m \frac{e^{-jk_0[\sin(\theta)\sin(\varphi)y+r]}}{r} \mathrm{d}y, \quad \boldsymbol{E}_{rad} = -\nabla \times \boldsymbol{A}_m \quad (4\text{-}13)$$

式中 θ 和 φ 分别表示场点矢量的俯仰角和水平角；r 表示场点矢量模长。这里已近似口面高度 h 远小于天线工作波长。一旦矢量势和电场给定，可求得单个口面辐射场的归一化单元方向图：

$$F_e(\theta, \varphi) = \frac{\cos\left[\pi W_{eff}\sin(\theta)\sin(\varphi)/\lambda_0\right]}{1 - \left[2W_{eff}\sin(\theta)\sin(\varphi)/\lambda_0\right]^2} \sqrt{1 - (\sin(\theta)\sin(\varphi))^2}$$

$$(4\text{-}14)$$

注意，光学掺杂 ENZ 天线整体是由两个辐射口面构成的二元阵，因此还需考虑阵因子：

$$F_a(\theta, \varphi) = \cos\left[\pi(L + 2\Delta L)\sin(\theta)\cos(\varphi)/\lambda_0\right] \quad (4\text{-}15)$$

式中 ΔL 表示由于波导口面边缘效应引起的有效口面延伸距离，由式(4-16)估计[147]：

$$\Delta L \approx 0.412h \cdot \left(\frac{\varepsilon_e + 0.3}{\varepsilon_e - 0.258} \right) \left(\frac{W/h + 0.264}{W/h + 0.8} \right) \tag{4-16}$$

其中 ε_e 具体表达式如下[147]：

$$\varepsilon_e = \frac{\varepsilon_r + 1}{2} + \frac{\varepsilon_r - 1}{2} \left(1 + 12 \frac{h}{W} \right)^{-1/2} \tag{4-17}$$

根据方向图乘积原理，天线方向图由阵因子 $F_a(\theta, \varphi)$ 和单元方向图 $F_e(\theta, \varphi)$ 相乘得到，在边射方向（$\theta = 0°$）达到最大值，因此从理论上说明光学掺杂 ENZ 天线具有边射方向图。经以上准备，我们可以计算天线辐射的方向性以及主瓣的半功率波束宽度等重要指标。

　　不同口面间距 L 的光学掺杂 ENZ 天线的增益及半功率波束宽度在图 4.18 中给出，理论计算结果和全波数值仿真结果基本吻合。由于天线的工作频率与口面间距解耦，图 4.18 中的结果均在固定工作频率 $f_0 =$ 5.5 GHz 处计算得到。当口面间距 L 从 $0.22\lambda_0$ 增加到 $1.20\lambda_0$，天线的增益从 6.4 dBi 左右开始增加，在 $L \approx 0.5\lambda_0$ 时达到接近 10 dBi 的最大增益，而后又逐渐下降。此过程中，天线主瓣的半功率波束宽度从 115° 左右单调减小至 20°。全波数值仿真得到的天线辐射三维方向图如图 4.19 所示，本书给出了天线口面间距 $L = 0.22\lambda_0$、$0.50\lambda_0$、$0.72\lambda_0$ 的三种情况，增益分别为 6.22 dBi、10.00 dBi、9.37 dBi，具体说明了天线增益随长度增加先上升，又因为栅瓣出现而下降。不同波束宽度和增益的方向图可在不同场景下获得应用。宽波束、低增益的方向图可在大角度信号覆盖的无线通信场景中应用，或作为大角度扫描阵列的单元；高增益的方向图可以应用于点对点通信。综上所述，光学掺杂 ENZ 天线提供了较大的辐射特性调控范围，可通过简单的长度调整适应不同的应用场景。

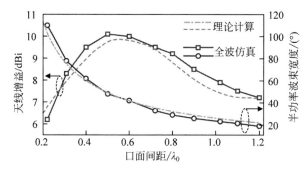

图 4.18　天线增益与半功率波束宽度随口面间距变化的规律

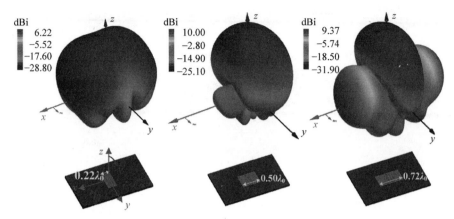

图 4.19　不同长度的光学掺杂 ENZ 天线的三维增益方向图仿真结果（前附彩图）

　　光学掺杂具有掺杂异质体位置无关性，因此 ENZ 天线中的掺杂异质体可以任意移动，而不影响天线的工作频率、辐射方向图等特性。如图 4.20(a)所示，调整掺杂异质体和天线中心的距离 d 从 0 mm 到 15 mm，ENZ 模式的工作频率不发生明显改变，均维持在以 5.5 GHz 为中心的灰色标识区间内。同样地，天线的辐射方向图也基本不随光学掺杂异质体的位置变化而改变，如图 4.20(b)、(c)所示。

4.4.2　天线加工及测试

　　基于 PCB 工艺加工的三款光学掺杂 ENZ 天线的实物如图 4.21(a)～(c)所示，天线口面间距分别为 $L = 0.22\lambda_0$(12.0 mm)、$0.50\lambda_0$(27.0 mm)、$0.72\lambda_0$(39.3 mm)。介质基板厚度为 3 mm，相对介电常数为 2.2，介电损耗正切角为 0.002。嵌入天线的掺杂异质体由微波陶瓷制作，相对介电常数为 34，介电损耗正切角为万分之二。天线实测的反射系数谱如图 4.22 所示，三款天线反射系数小于 −10 dB 的频段均在 5.5 GHz 附近，证明了 ENZ 天线具有长度无关的工作频率。天线实测 −10 dB 反射系数带宽大于 50 MHz。图 4.22 中频率 5.2 GHz 附近的反射系数起伏由掺杂异质体的非辐射谐振模式造成，因其辐射效率较低，故不在本书研究范围内。

　　三款天线的辐射方向图的实测和仿真结果如图 4.23 所示。上半部分为 E 面(xoz 面)方向图，下半部分为 H 面(yoz 面)方向图。口面间距 L 为 $0.22\lambda_0$、$0.50\lambda_0$、$0.72\lambda_0$ 的天线对应的实测增益分别为 5.8 dBi、9.6 dBi、8.9 dBi；E 面 3 dB 波束宽度分别为 113°、45°、34°；3 dB 波束宽度内的交叉

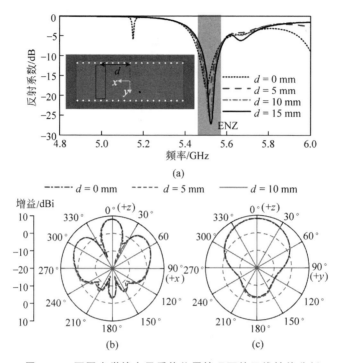

图 4.20　不同光学掺杂异质体位置情况下的天线性能分析

（a）反射系数谱；（b）E 面增益方向图；（c）H 面增益方向图

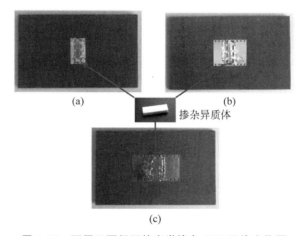

图 4.21　不同口面间距的光学掺杂 ENZ 天线实物图

（a）口面间距 $0.22\lambda_0$；（b）口面间距 $0.50\lambda_0$；（c）口面间距 $0.72\lambda_0$

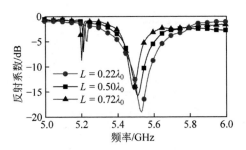

图 4.22　不同长度的光学掺杂 ENZ 天线的反射系数实测结果

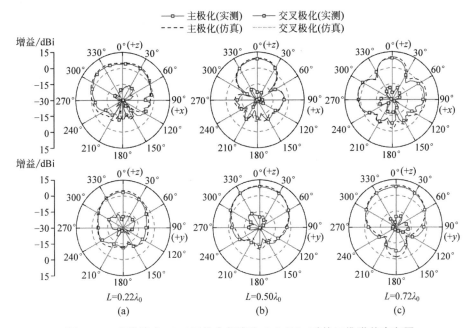

图 4.23　光学掺杂 ENZ 天线在频率为 5.5 GHz 时的二维增益方向图

(a) $L=0.22\lambda_0$；(b) $L=0.50\lambda_0$；(c) $L=0.72\lambda_0$

极化-主极化比均低于-20 dB。三款天线的 H 面基本一致，因为口面间距只沿着 x 方向发生改变。光学掺杂 ENZ 天线效率的数值仿真结果与实测结果分别如图 4.24(a)和(b)所示，两者基本吻合。三款口面间距不同的天线均在预计的 5.5 GHz 附近达到效率的最大值，实测最大效率高于 75%。因此，本书证实了光学掺杂 ENZ 天线在固定工作频率上具有可灵活设计的边射方向图，实现了天线工作频率和空间辐射特性的独立设计。

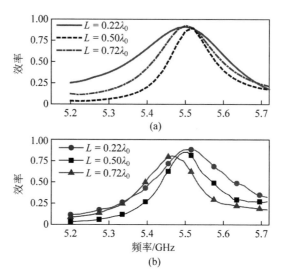

图 4.24 光学掺杂 ENZ 天线的效率

(a) 数值仿真结果; (b) 实测结果

4.5 本 章 小 结

作为近零折射率媒质与集成光学掺杂的关键应用之一,本章提出了波导等效 ENZ 天线的概念和设计,旨在通过空间静态场效应实现天线工作频率与辐射特性的独立调控,提升天线的设计自由度。波导等效 ENZ 天线的核心基于波导或基片集成波导的截止模式,该模式沿着波导结构纵向呈现出同幅同相的场分布。

本章内容涵盖三种类型的波导等效 ENZ 天线的设计与实现。首先,本章介绍了波导等效 ENZ 天线的基本形式、电磁场分布。波导等效 ENZ 天线的谐振频率与天线结构相互独立,通过弯折或者拉伸波导等效 ENZ 天线,可实现多种辐射方向图,且维持工作频率不变。随后,基于 ENZ 媒质中的电磁场同幅同相特性,通过加载准一维部分反射表面,本章实现了长度为 3 个波长、增益约为 8.5 dBi 的水平全向高增益天线。最后,本章使用集成光学掺杂对波导等效 ENZ 天线中的电磁场结构进行调控,在两端的辐射口面上形成同幅同相的等效磁流源。与经典矩形微带天线相比,光学掺杂的 ENZ 天线解除了口面间距和工作频率之间的约束,从而可在固定频率实现不同的增益与波束宽度。在固定工作频率处,随着口面间距从 0.22 波长拉伸至 0.72 波长,天线的实测增益从 5.8 dBi 增加至接近 10 dBi,E 面半功率波束宽带从 113°减少至 34°。综上所述,本章将 ENZ 特性与集成光学掺杂特性引入天线应用中,显著提升了辐射特性的操控自由度,使得所设计的天线可以应用于不同的无线通信与传感场景。

第5章 多掺杂异质体理论及应用

5.1 引 言

本书第 2 章提出了集成光学掺杂理论,并针对单个掺杂异质体的情形进行了详细分析,给出了此情形下掺杂 ENZ 媒质的等效磁导率表达式。第 3、第 4 章提出了包含单个掺杂异质体的 ENZ 媒质在电路及天线设计中的应用。单个掺杂异质体可贡献等效磁导率函数及传输幅度谱上的一对零极点,并形成局域磁场增强效应。一个很自然的问题是,当多个相同或者不同的掺杂异质体被放置在 ENZ 媒质中,掺杂 ENZ 媒质的宏观响应是怎样的?整体的磁场分布又有什么特点?从谐振器的角度,工作在 $TM_{1,1}$ 模式附近的矩形掺杂异质体可以看作一个介质谐振器。谐振器在电路中起到频率选择的作用,在电路的源、滤波器、天线等多个模块中都有重要应用[46,47]。耦合谐振器分析理论指出[148,149],若多个谐振器之间存在电磁耦合,谐振器的模式将相互影响,且体系的谐振频率将不等于每个谐振器单独存在时的谐振频率。ENZ 媒质具有特殊的本构参数,呈现出时域振荡、空域静态分布的磁场。那么,在 ENZ 背景媒质中,由多个掺杂异质体构成的多谐振体系是否有不同的特点?

围绕上述科学问题,按照从"单体"到"多体"的研究思路,本章将研究包含多个掺杂异质体的 ENZ 媒质的特性,讨论掺杂异质体之间的相互作用机制。本章揭示并分析了多个掺杂异质体可产生梳状滤波响应,且每个掺杂异质体的磁谐振模式是相互独立的、无耦合的。本书以每个掺杂异质体作为控制"比特",提出 ENZ 媒质"色散编码"的概念,即对 ENZ 媒质多频点上的电磁响应进行独立控制,将集成光学掺杂的理论和应用进一步推广。

5.2 多掺杂异质体无耦合效应

为引出多掺杂异质体的无耦合效应,本书首先介绍经典的耦合谐振器分析的一般性理论[148,149]。图 5.1(a)展示了放置在自由空间中的、间隔紧密的两个介质谐振器。设定谐振器 1、2 单独存在,且不受外界扰动时的谐振角频率分别为 $\omega_{1,0}$、$\omega_{2,0}$,对应的场模式记作 $\varphi_{1,0}$、$\varphi_{2,0}$。考虑谐振器近邻放置情况,由一个谐振器泄漏出的电磁场可在另一个谐振器中建立起感应场,因此两个谐振器间可建立起电磁耦合。此时,耦合体系的谐振角频率将偏离两谐振器无扰动的谐振角频率 $\omega_{1,0}$、$\omega_{2,0}$;耦合体系的谐振模式(即本征模式)为谐振器 1、2 无扰动谐振模式 $\varphi_{1,0}$、$\varphi_{2,0}$ 的混合,基本的物理图像如图 5.1(b)所示。

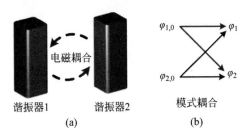

图 5.1　耦合介质谐振器结构及工作机制解释
(a) 耦合介质谐振器结构示意图；(b) 模式耦合示意图

所考虑的耦合谐振器体系的本征方程表达如下:

$$\begin{bmatrix} \omega_{1,0} & \kappa \\ \kappa^* & \omega_{2,0} \end{bmatrix} \begin{bmatrix} \alpha \\ \beta \end{bmatrix} = \omega \begin{bmatrix} \alpha \\ \beta \end{bmatrix} \tag{5-1}$$

式中 κ 代表耦合系数,一般与谐振器 1、2 的间距相关,上角标 * 代表共轭; α、β 分别代表谐振器 1、2 的无扰动模式 $\varphi_{1,0}$、$\varphi_{2,0}$ 的复振幅,即耦合谐振器的本征模式可写成 $\varphi = \alpha \varphi_{1,0} + \beta \varphi_{2,0}$。解本征方程(5-1)得耦合谐振器本征角频率 ω 的两个解:

$$\omega_{1,2} = \omega_{0,c} \pm \sqrt{(\Delta \omega_0)^2 + |\kappa|^2} \tag{5-2}$$

式中 $\omega_{0,c} = (\omega_{1,0} + \omega_{2,0})/2$, $\Delta \omega_0 = (\omega_{1,0} - \omega_{2,0})/2$。该本征问题的本征矢量即对应角频率 $\omega_{1,2}$ 上的谐振模式,可求得如下:

$$\begin{bmatrix} \alpha_1 \\ \beta_1 \end{bmatrix} \propto \begin{bmatrix} 1 \\ \kappa^* / (\Delta \omega_0 + \sqrt{(\Delta \omega_0)^2 + |\kappa|^2}) \end{bmatrix}$$

$$\begin{bmatrix} \alpha_2 \\ \beta_2 \end{bmatrix} \propto \begin{bmatrix} -\kappa / (\Delta \omega_0 + \sqrt{(\Delta \omega_0)^2 + |\kappa|^2}) \\ 1 \end{bmatrix} \tag{5-3}$$

由此说明,在两个谐振器之间存在耦合的情况下:①两者形成的体系的谐振频率将偏离谐振器独自存在时的谐振频率;②体系的本征模式混合了谐振器 1、2 的无扰动谐振模式。特别地,当耦合系数 κ 减小为零,有 $\beta_1=0$ 和 $\alpha_2=0$,即无耦合情况下两谐振器的模式保持独立,等于各自无扰动的谐振模式;此时体系的谐振频率始终等于振器 1、2 的无扰动谐振频率。

本书考察两个间隔为 d 的正方形介质谐振器 D_1、D_2,放置在相对介电常数 $\varepsilon_h=0.5$ 的背景媒质中,如图 5.2(a)所示。D_1、D_2 的相对介电常数为 37,边长分别为 $0.122\lambda_p$、$0.116\lambda_p$,λ_p 为考察频率 $f_p=3$ GHz 的电磁波波长;背景媒质面积为 $0.33\lambda_p^2$。耦合谐振器体系放置在金属波导中,由 TM 极化的电磁波激励。介质体 D_1、D_2 的谐振可反映为体系传输系数谱上的零点。由于 D_1、D_2 之间存在耦合,零点 z 的位置随它们之间的间距变化而变化,如图 5.2(b)所示。零点 z 对应的磁场分布如图 5.2(c)所示,可见两个介质谐振器 D_1、D_2 被同时激励。

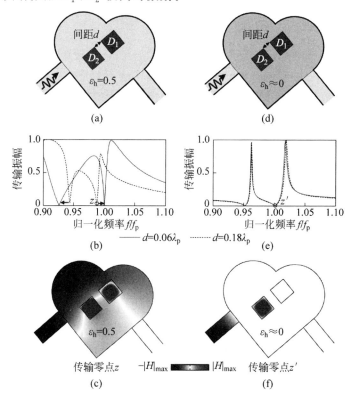

图 5.2　双掺杂异质体的响应特性分析(前附彩图)

(a)、(b)、(c)分别为放置在非 ENZ 背景中的双谐振器结构、传输振幅、磁场分布;

(d)、(e)、(f)为谐振器在 ENZ 背景中的对应结果

　　然而,当背景媒质的相对介电常数 ε_h 趋近于零时(图 5.2(d)),可观察到反常的现象:传输谱(图 5.2(e))上的传输零点 z' 不随 D_1、D_2 的间距变化而变化。而且,磁场分布(图 5.2(f))说明在传输零点 z' 上只有一个介质谐振器被激励,即 D_1、D_2 在此频率上是独立、无耦合的。本章的研究重点是包含多个掺杂异质体的 ENZ 媒质,揭示并分析 ENZ 背景中紧密排列的介质掺杂异质体可支持互不耦合的谐振模式,与一般情形下紧密排列的谐振器的互耦性质迥然不同[149-151]。进一步,本书将验证:多个掺杂异质体可在一系列谐振频率上对电磁波的幅度进行独立调制,形成梳状滤波的响应。

　　掺杂 ENZ 媒质实现梳状滤波响应的概念如图 5.3 所示,本书具体分析掺杂 ENZ 媒质在 TM 波入射下的宏观电磁响应。注意,ENZ 媒质的横截面形状与掺杂异质体的空间排布都是任意的。

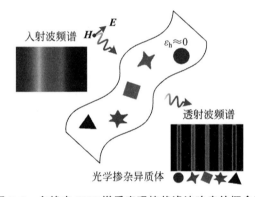

图 5.3　多掺杂 ENZ 媒质实现梳状滤波响应的概念图

　　首先对多光学掺杂的 ENZ 媒质的等效磁导率函数进行理论求解。假定面积为 A 的二维 ENZ 媒质中包含 N 个掺杂异质体,掺杂异质体面积为 $A_d(d=1,2,\cdots,N)$,相对介电常数为 ε_d,相对磁导率为 1。设定 ENZ 背景中的均匀磁场为 H_0,第 d 个掺杂异质体中的磁场为 $H_0\psi^d(d=1,2,\cdots,N)$,式中 ψ^d 满足波动方程和第一类边界条件:

$$\nabla^2\psi^d(x,y)+k_d^2\psi^d(x,y)=0, \quad \psi^d\big|_{\partial A_d}=1 \tag{5-4}$$

其中介质中波数 $k_d=\sqrt{\varepsilon_d}\,\omega/c$。于是,二维掺杂 ENZ 媒质中总磁通量可写成:

$$\Phi_m=\mu_0 H_0\left[A-\sum_d A_d+\sum_d\iint_{A_d}\psi^d(\boldsymbol{r})\mathrm{d}s\right] \tag{5-5}$$

相对等效磁导率的定义为整个区域内的平均磁通量和边界上的磁感应强度

$\mu_0 H_0$ 之比,即:

$$\mu_{\text{eff}} \equiv \frac{\Phi_{\text{m}}}{A\mu_0 H_0} = \left[A - \sum_d A_d + \sum_d \iint_{A_d} \psi^d(\mathbf{r})\mathrm{d}s \right] \Big/ A \qquad (5\text{-}6)$$

这里指出,如此定义等效磁导率的唯一性来源于 ENZ 背景及其边界上的磁场均匀性。由式(5-6)看出,第一,每个掺杂异质体对整体等效磁导率的贡献,即式(5-6)中的积分项,由各自的磁场分布 ψ^d 决定,而与其他掺杂异质体是否存在、相对位置并无关系;第二,掺杂异质体对等效磁导率的贡献是线性叠加的。要计算掺杂 ENZ 媒质的等效磁导率,需知道每个掺杂异质体的归一化磁场分布 ψ^d。ψ^d 只有在掺杂异质体几何形状较为特殊时才有解析解。这里采用矩形的光学异质体,设第 d 个掺杂异质体的长和宽分别为 l_d 和 w_d,由第 2 章得知其中的磁场分布有严格级数解:

$$\psi^d(x,y) = 1 + \sum_{m=1,n=1}^{+\infty} \varepsilon_d \frac{\omega^2}{c^2} \frac{4\left[(-1)^m - 1\right]\left[(-1)^n - 1\right]}{\pi^2 mn} \cdot$$

$$\frac{\cos\left(\dfrac{m\pi x}{l_d}\right)\cos\left(\dfrac{n\pi y}{w_d}\right)}{\left(\dfrac{m\pi}{l_d}\right)^2 + \left(\dfrac{n\pi}{w_d}\right)^2 - k_d^2} \qquad (5\text{-}7)$$

式(5-7)中的(x,y)坐标原点取在矩形的几何中心,两坐标轴分别与两边平行。将式(5-7)代入式(5-6),计算可得:

$$\mu_{\text{eff}} = 1 + \frac{1}{A}\sum_{d=1}^{N}\sum_{m=1,n=1}^{+\infty} \frac{4l_d w_d \left[(-1)^m - 1\right]^2 \left[(-1)^n - 1\right]^2}{\pi^4 m^2 n^2} \cdot$$

$$\frac{k_d^2}{\left(\dfrac{m\pi}{l_d}\right)^2 + \left(\dfrac{n\pi}{w_d}\right)^2 - k_d^2} \qquad (5\text{-}8)$$

等效磁导率函数的极点位于各个掺杂异质体的各阶磁谐振频率上:

$$f_{d,m,n} = \frac{c}{2\sqrt{\varepsilon_d}} \sqrt{\left(\frac{m}{l_d}\right)^2 + \left(\frac{n}{w_d}\right)^2} \qquad (5\text{-}9)$$

设定每个掺杂异质体的最低阶磁谐振模式($m=1,n=1$)在 ENZ 媒质的等离子体振荡频率 f_p 附近,且和其他高次模式($m\neq1$ 或 $n\neq1$)的频率差较大,式(5-8)可在 f_p 附近化简为

$$\mu_{\text{eff}} \approx 1 + \frac{1}{A}\sum_{d=1}^{N} \frac{64 l_d w_d}{\pi^4} \frac{f^2}{f_{d,1,1}^2 - f^2} \qquad (5\text{-}10)$$

这里忽略式(5-8)中 m、n 大于 1 的项,且代入了 $f_{d,1,1}$ 的定义式(5-9)。

式(5-10)的物理含义是丰富的,它表征多个洛伦兹线形的线性叠加。每个极点对应一个特定掺杂异质体的 $TM_{1,1}$ 模式谐振,极点位置只与该掺杂异质本身的几何、材料参数相关,而不受 ENZ 媒质形状、其他掺杂异质体位置的影响。这意味着,掺杂异质体可在间距远小于自由空间波长的情况下,维持各自的谐振频率不发生改变。回顾本节前述的耦合谐振器理论[148,149],当若干个谐振器被紧密放置在常规媒质中,它们之间将产生电磁耦合,造成谐振频率的偏移。从谐振频率偏移的角度,通过比较可得出,理想 ENZ 媒质中的多个掺杂异质体之间不存在耦合,完全突破了人们对于多谐振器"间距越小则耦合越强"的直观理解。

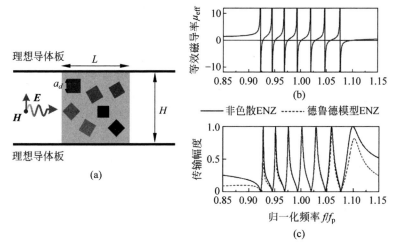

图 5.4　多掺杂 ENZ 媒质响应理论分析

(a) 包含多个掺杂异质体的二维 ENZ 媒质;(b) 掺杂 ENZ 媒质的等效磁导率理论曲线;

(c) 理论传输振幅谱

接下来,通过一个实例对多掺杂异质体的理论进行说明。如图 5.4(a)所示,一块二维矩形 ENZ 媒质放置在二维金属平板波导中,两端填充空气,TM 极化的电磁波由一端入射。ENZ 媒质的介电函数 ε_h 由德鲁德模型描述,即 $\varepsilon_h = 1 - f_p^2/f^2$,其中 f_p 为等离子振荡频率,取为 3 GHz。ENZ 媒质的面积 $L \times H = \lambda_p \times 0.8\lambda_p$,$\lambda_p$ 表示频率为 f_p 的电磁波自由空间波长。ENZ 媒质中包含 7 个正方形的掺杂异质体,相对介电常数均为 37,边长 $a_d(d=1, 2, \cdots, 7)$ 分别为 $0.126\lambda_p$、$0.123\lambda_p$、$0.120\lambda_p$、$0.117\lambda_p$、$0.114\lambda_p$、$0.111\lambda_p$、$0.108\lambda_p$。由式(5-10)计算得到的等效磁导率如图 5.4(b)所示,7 个磁导率零点与极点交错分布,呈现出明显的梳状色散响应。按照频率从低到高的顺序,每个极点对应正方形掺杂异质体 $1 \sim 7$ 的 $TM_{1,1}$ 模式的谐振频率。掺杂 ENZ 媒质的传输系数 S_{21} 可以通过传输矩阵方法计算,具体推导过程可参见本书第 2 章,这里直接给出结果:

$$S_{21} = \cfrac{2}{2\cos\left(\sqrt{\varepsilon_h \mu_{\text{eff}}}\, \dfrac{\omega L}{c}\right) - \mathrm{i}\left(\sqrt{\dfrac{\varepsilon_h}{\mu_{\text{eff}}}} + \sqrt{\dfrac{\mu_{\text{eff}}}{\varepsilon_h}}\right)\sin\left(\sqrt{\varepsilon_h \mu_{\text{eff}}}\, \dfrac{\omega L}{c}\right)}$$

$$(5\text{-}11)$$

考虑两种情况:①背景 ENZ 媒质是非色散的,即 ε_h 为趋近于零的常数;②背景 ENZ 媒质服从德鲁德模型,即 $\varepsilon_h = 1 - f_p^2/f^2$。将式(5-11)计算出的结果绘制于图 5.4(c)。可见,掺杂 ENZ 媒质的传输响应也呈现出梳状响应。在每个磁导率零点上,由于介电常数亦趋近于零,掺杂体系等效为介电函数磁导率同时近零(EMNZ)媒质,其特性阻抗与空气特性阻抗匹配,故而传输振幅为极大值;在每个磁导率极点上,掺杂体系等效为理想磁导体,特性阻抗趋于无穷,故而传输振幅接近于零。考虑 ENZ 背景媒质的介电函数色散服从德鲁德模型,当所考察的频率远离等离子体振荡频率 f_p,无法等效得到完美的 EMNZ 媒质,故而传输振幅略有下降。因此,通过理论分析得到,包含多个掺杂异质体的 ENZ 媒质呈现出梳状色散的等效磁导率函数及传输响应。每个磁导率极点对应一个特定掺杂异质体的谐振模式,且这些谐振模式相互独立、互不干扰。

5.3　数值仿真及实验验证

5.2 节建立了 ENZ 媒质包含多个掺杂异质体时的等效磁导率理论,本节通过数值仿真和微波频段实验测试对理论做进一步阐述和验证,重点验证掺杂异质体间的无耦合特性及多掺杂 ENZ 媒质的梳状滤波响应。如图 5.5 所示,一块不规则形状的二维 ENZ 媒质中包含三个相对介电常数为 37 的掺杂异质体 D_1、D_2、D_3。ENZ 媒质的介电函数色散由德鲁德模型给定,即 $\varepsilon_h = 1 - f_p^2/f^2$,其中 f_p 为等离子振荡频率,取为 3 GHz。ENZ 媒质的总面积 A 为 $0.33\lambda_p^2$,其中 λ_p 表示频率为 f_p 的电磁波自由空间波长。正方形掺杂异质体 D_1、D_2、D_3 的边长分别为 a_1、a_2、a_3,它们在 ENZ 媒质中的两种排布方式如图 5.5 所示。排布方式 I 中,掺杂异质体的两两中心间距约为 $0.15\lambda_p$;排布方式 II 中,掺杂异质体的两两中心间距约为 $0.42\lambda_p$。

掺杂 ENZ 媒质两端与空气填充的平板波导相连接,整个结构除去输入和输出波导端口,均被理想导体壁包围。

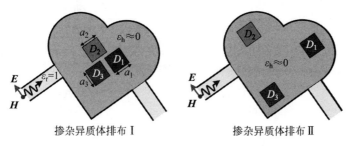

掺杂异质体排布 I　　　　　　　掺杂异质体排布 II

图 5.5　两种掺杂异质体排布下的二维 ENZ 媒质

首先考虑掺杂异质体尺寸相同的情况,设定 $a_1 = a_2 = a_3 = 0.117\lambda_p$。根据式(5-10)计算得到等效磁导率如图 5.6(a)所示。根据式(5-9),三个掺杂异质体的 $TM_{1,1}$ 模式的谐振频率均为 $0.992f_p$,对应图 5.6(a)中的等效磁导率极点。根据耦合谐振器理论[149],模式之间的耦合将破除模式的频率简并,产生不同的谐振点;这样的现象在掺杂 ENZ 媒质中并未发生,反映了 D_1、D_2、D_3 之间不存在耦合。由二维有限元数值仿真得到的、掺杂异质体不同排布情形下的传输振幅谱如图 5.6(b)所示。掺杂 ENZ 媒质在等效磁导率零点上呈现出高传输振幅,而在磁导率极点上呈现趋近于零的传输振幅,即完全反射。可见,包含多个相同光学掺杂异质体的情形下,ENZ媒质的外场响应与只包含一个掺杂异质体的情形是十分类似的,均只有一个传输零点 z 和极点 p。理论和数值仿真结果表明,掺杂 ENZ 媒质等效磁导率和透射响应与 D_1、D_2、D_3 的空间排布无关。

进而考虑三个掺杂异质体尺寸不同的情况,设定 $a_1 = 0.122\lambda_p$、$a_2 = 0.116\lambda_p$、$a_3 = 0.110\lambda_p$。因为边长不同,三个正方形介质块的 $TM_{1,1}$ 模式的谐振频率是不同的。根据式(5-10)计算得到的掺杂体系的等效磁导率如图 5.6(c)所示,三个磁导率极点和零点交错分布,呈现出梳状的色散响应。由二维有限元数值仿真得到的、掺杂异质体不同排布情形下的传输振幅谱如图 5.6(d)所示,传输振幅零点 z_1、z_2、z_3 与传输振幅极点 p_1、p_2、p_3 交错排布,分别对应等效磁导率函数的极点和零点。同样可以清楚地看到,两种掺杂异质体排布情形下,掺杂 ENZ 媒质的传输响应是一致的,不随 D_1、D_2、D_3 的间距变化而改变。这里,对多光学掺杂的 ENZ 媒质的损耗进行分析。考虑 ENZ 媒质的介电函数由带损耗的德鲁德模型给出: $\varepsilon_h = 1 -$

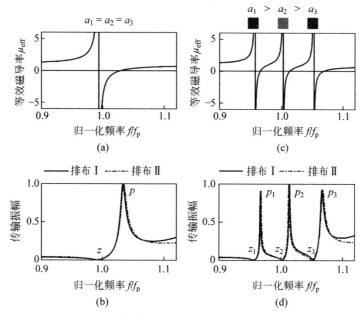

图 5.6　多掺杂 ENZ 媒质传输响应的数值分析

（a）异质体尺寸相同情况下的等效磁导率；（b）异质体尺寸相同情况下的传输振幅谱；
（c）异质体尺寸不同情况下的等效磁导率；（d）异质体尺寸不同情况下的传输振幅谱

$f_p^2/(f^2 + \mathrm{i}f \cdot f_c)$，$f_c$ 表示等离子体碰撞频率；掺杂异质体的介电常数为一复数，实部、虚部分别为 ε_d'、ε_d''。图 5.7（a）说明，一定的损耗会造成多掺杂体系传输幅度峰值降低，但不破坏整体的梳状滤波响应。现在，固定 D_2、D_3 的边长，调整 D_1 的边长 a_1 从 $0.119\lambda_p$ 变化到 $0.128\lambda_p$，数值仿真得到的传输振幅谱如图 5.7（b）所示。可见，在这个过程中，由 D_1 谐振产生的传输零点发生了移动，而其他掺杂异质体谐振对应的传输零点不发生移动，从而有力证明了掺杂异质体之间的无耦合特性。

　　为更加直观地理解 ENZ 媒质的整体响应与掺杂异质体排布无关这一现象，本书对掺杂 ENZ 媒质中的磁场分布进行研究。首先给出三个掺杂异质体边长相同情形下的结果。在传输零点 z（标注于图 5.6（b））对应的频率上，图 5.5 所示的两种排布情形下的磁场分布如图 5.8（a）所示。三个掺杂异质体同频谐振，均呈现出中心磁场最强而边缘磁场为零的 $\mathrm{TM}_{1,1}$ 模式。通过观察两种排布下的结果，可知掺杂异质体中的磁场分布不受它们间距改变的影响。在传输零点上，ENZ 背景中的磁场为零，使得三个掺杂

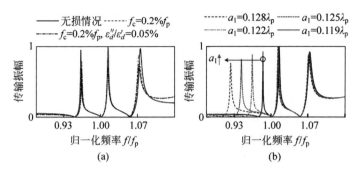

图 5.7　多光学掺杂体系参数讨论

（a）损耗影响分析；（b）改变掺杂异质体 D_1 边长时的体系传输振幅

异质体相互屏蔽。在传输极点 p（标注于图 5.6(b)）对应的频率上的磁场分布如图 5.8(b) 所示，三个掺杂异质体中的磁场分布是相同的，且不受它们间距变化的影响。在传输极点上，掺杂异质体中的磁场与 ENZ 背景媒质中的磁场反相，掺杂 ENZ 媒质中的总磁通量为零，等效表现为和外界阻抗匹配的 EMNZ 媒质。可以得出，ENZ 媒质中的磁场均匀性是体系响应与掺杂异质体排布无关的根本原因。

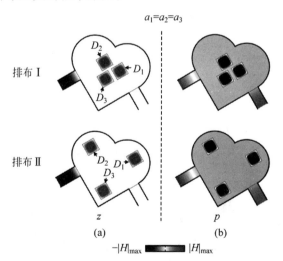

图 5.8　掺杂异质体尺寸相同、排布不同情况下的磁场分布（前附彩图）

（a）对应传输振幅零点 z；（b）对应传输振幅极点 p

三个尺寸不同的掺杂异质体的磁场分布如图 5.9 所示。对于每一种排布，均给出 z_1、z_2、z_3 与 p_1、p_2、p_3（标注于图 5.6(d)）6 个相应频率上的结果。如图5.9(a)～(c)所示,在每个传输零点上只激励起某一个掺杂异质体的 $TM_{1,1}$ 模式,而其他掺杂异质体及 ENZ 背景中的磁场为零。在此情形下,异质体中没有场的交叠,使得它们之间没有互耦。对于图5.9(d)～(f)所示的传输极点情形,同样可以看到掺杂异质体中的磁场与它们的空间排布无关。参见图5.6(d), p_1 的频率高于 D_1 的 $TM_{1,1}$ 模式(z_1)谐振频率,而低于 D_2、D_3 的 $TM_{1,1}$ 模式(z_2、z_3)谐振频率。那么,在 p_1 频率上,掺杂异质体 D_1 中的磁场与 D_2、D_3 中的磁场反相,如图5.9(d)所示。p_2 的频率高于 D_1、D_2 的 $TM_{1,1}$ 模式(z_1、z_2)谐振频率,而低于 D_3 的 $TM_{1,1}$ 模式(z_3)谐振频率。那么,在 p_2 对应频率上,掺杂异质体 D_1、D_2 中磁场与 D_3 中的磁场反相,如图5.9(e)所示。p_3 对应的频率高于所有掺杂异质体的 $TM_{1,1}$ 模式(z_1、z_2、z_3)谐振频率。那么,在 p_3 对应频率上,掺杂异质体 D_1、D_2、D_3 中的磁场同相,如5.9(f)所示。

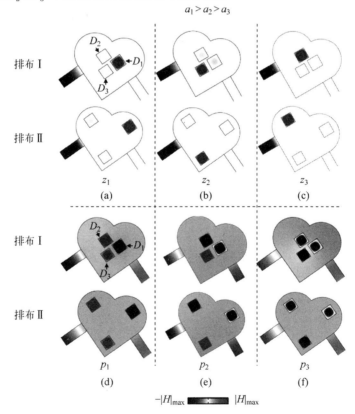

图 5.9　掺杂异质体尺寸不同、排布不同情况下的 ENZ 媒质中的磁场分布(前附彩图)

(a) 对应传输零点 z_1; (b) 对应传输零点 z_2; (c) 对应传输零点 z_3;

(d) 对应传输极点 p_1; (e) 对应传输极点 p_2; (f) 对应传输极点 p_3

由磁场分布可以给出掺杂异质体无耦合效应的直观解释。接下来,本书通过微波频段的实验来验证所建立的多掺杂异质体的理论。实验装置如图 5.10(a)所示,关键结构包括:基于计算机数控(CNC)金属铣腔工艺加工的铝质波导腔体(等效 ENZ 结构),作为掺杂异质体的三个陶瓷方柱 $D_1 \sim D_3$,由铜皮包裹的、内部为聚四氟乙烯材料的馈电波导。为在 $f_p = 3$ GHz 附近等效 ENZ 媒质,铝质金属波导 TE_{10} 模式的截止频率应被设计在 f_p 上;为此,金属波导决定截止频率的边长应选为频率为 f_p 的电磁波自由空间波长(λ_p)的一半,即图 5.10(a)中金属波导的高度为 $\lambda_p/2$。铝制波导腔体水平面内的横截面积为 $0.5\lambda_p \times 0.66\lambda_p$,即 50 mm$\times 66$ mm。测试时,波

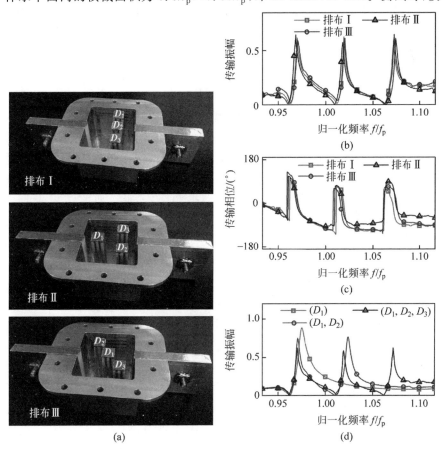

图 5.10 多光学掺杂色散编码效应的实验验证

(a)多掺杂波导等效 ENZ 媒质实物图;(b)实测传输振幅谱;(c)实测传输相位谱;

(d)不同掺杂异质体组合对应的实测传输振幅谱

导腔体需用金属盖密封。三个陶瓷方柱的水平截面的正方形边长分别为 $0.122\lambda_p$、$0.116\lambda_p$、$0.110\lambda_p$。陶瓷材料的相对介电常数为 37,介电损耗正切角小于万分之二。在该波导腔体结构中,TE_{10} 模式的电场垂直于陶瓷柱,为抑制电场分量平行于陶瓷柱的波导 TM 模式的干扰,陶瓷柱周边紧贴上铜材质的金属丝。填充两侧馈电波导的聚四氟乙烯材料的相对介电常数为 2.1。SMA 接头与馈电波导短路末端的距离约为 1/4 倍的介质中导波波长。

掺杂 ENZ 体系的传输系数测试基于微波矢量网络分析仪完成。掺杂异质体排布 Ⅰ、Ⅱ、Ⅲ 情形下的实测传输振幅谱如图 5.10(b)所示,呈现出传输零点、极点交替分布的梳状响应,且掺杂体系的传输响应几乎不受 D_1、D_2、D_3 排布方式的影响,与理论结果一致。最大传输振幅低于 1,是受介质损耗、接头插入损耗的影响。实测的传输相位谱如图 5.10(c)所示,这里已将馈电波导及 SMA 接头中的相移通过校准扣除。对照图 5.10(b)可见,在每个传输振幅零点上,传输相位跳转 180°;在每个传输振幅极点上,传输相位接近于零,体现了近零折射超耦合效应。进一步,研究不同掺杂异质体个数的情况,图 5.10(d)给出波导等效 ENZ 媒质只包含 D_1、包含 D_1 与 D_2、包含 $D_1 \sim D_3$ 这三种情况下的传输振幅谱。可见加入几个掺杂异质体,就可形成几对传输振幅零极点。D_1 的横截面最大,它对应的传输振幅极点(即 D_1 的谐振频率)最低。实测结果表明该极点不随 D_2、D_3 的引入而发生偏移,从而有力验证了掺杂异质体间的无耦合特性。

至此,本书基于数值仿真和实验验证了 5.2 节提出的多掺杂异质体理论的正确性。已经明确,通过加入多个不同的掺杂异质体,可实现 ENZ 媒质等效磁导率的梳状色散响应。而且,每个"梳齿"(等效磁导率趋于无穷的点),只与某一个特定的掺杂异质体相关,不受其他掺杂异质体存在与否、间距大小的影响。于是,基于光学掺杂的 ENZ 媒质,本书提出"色散编码"的概念:任意一个掺杂异质体可作为一个"比特",若此掺杂异质体存在,则定义为"1"状态;不存在则定义为"0"状态。"1"状态下,由于光学掺杂异质谐振,等效磁导率函数对应呈现一个极点;反之,"0"状态则表示该极点不存在。由于掺杂异质体间无耦合,对每一位比特的操控都是独立的。因此,通过考虑 N 个不同的掺杂异质体的组合,可对 ENZ 的等效磁导率乃至宏观响应进行 2^N 种调控,从而实现比特式可重构的梳状滤波响应,即使得频率梳的每个梳齿都可独立调控。

5.4　多掺杂异质体的色散编码应用

5.3 节引出了掺杂 ENZ 媒质色散编码的概念,本节具体论述色散编码在微波、毫米波领域的应用。第一个应用是基于色散编码的可重构梳状滤波器。所设计的波导梳状滤波器结构如图 5.11 所示,主体是包含三个掺杂异质体的波导。波导在 TE_{10} 模截止频率 $f_p = 3$ GHz 附近等效为 ENZ 媒质[68],其高度 h 为 50 mm($=\lambda_p/2$)。截止波导在 x-y 面内的横截面积为 50 mm × 100 mm。掺杂异质体 D_1、D_2、D_3 的相对介电常数均为 37,横截面正方形的边长分别为 11.2 mm、10.6 mm、9.7 mm。为了实现对掺杂异质体工作状态的切换,在掺杂异质体周边环绕一个开口金属罩,并在开口缝隙上加载一个开关。金属罩开口缝隙的宽度 $g = 1$ mm。从输入波导馈入一个宽谱信号,覆盖 f_1、f_2、f_3 三个频率。f_1、f_2、f_3 为 D_1、D_2、D_3 对应的超耦合透射峰的频率。

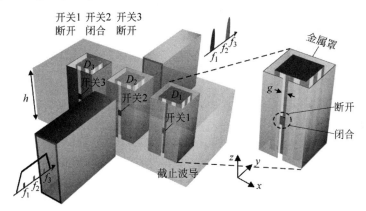

图 5.11　基于掺杂 ENZ 媒质的可重构梳状滤波器结构图

掺杂异质体 D_i($i = 1, 2, 3$)开关的状态决定能否在频率 f_i 附近产生 EMNZ 超耦合透射峰。如图 5.12(a)所示,当开关 2 断开,掺杂异质体 D_2 中的磁场模式被正常激励,电磁波在 EMNZ 超耦合频率上完全通过。如图 5.12(b)所示,当开关 2 闭合,D_2 中的磁场为零,电磁波的透射率显著下降,EMNZ 超耦合效应消失。传输振幅谱可以清楚地反映出可重构的梳状滤波效果。如图 5.13(a)所示,当开关 1、2、3 分别处于断开、闭合、断开的状态,频谱上在 f_1、f_3 处出现传输峰;如图 5.13(b)所示,当开关 1、2、3 分别处于闭合、断开、闭合的状态，频谱上在 f_2 处出现传输峰，因而实现可重构的频率梳。

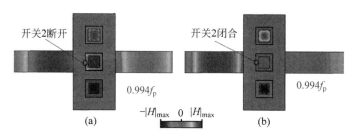

图 5.12 可重构梳状滤波器结构中截面上的磁场分布（前附彩图）

（a）开关 2 断开状态；（b）开关 2 闭合状态

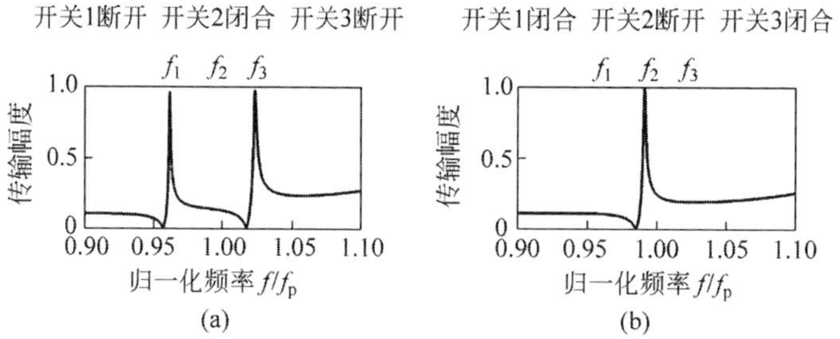

图 5.13 可重构梳状滤波器传输响应数值仿真结果

（a）开关 1～3 分别处于断开、闭合、断开情形；（b）开关 1～3 分别处于闭合、断开、闭合情形

第二个关于掺杂 ENZ 媒质色散编码的应用是一种新型的射频无源识别标签，如图 5.14 所示，主要包括识别标签——包含多个掺杂异质体的 ENZ 媒质层，金属波导读卡器，以及用于增强阻抗匹配的吸波层。射

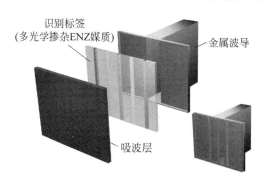

图 5.14 基于光学掺杂的无源识别标签三维结构图

频识别标签的基本工作机制是通过不同的反射/散射信号来标记物体[152]。若有 N 个不同的掺杂异质体可供选择，每个掺杂异质体可在其谐振频率上产生一个全反射点；那么，通过选择每个掺杂异质体是否加入 ENZ 媒质中，则可构造 2^N 种不同的反射谱。

　　这里具体考虑包含 4 个掺杂异质体（$N=4$）的情况，二维结构如图 5.15(a)所示。ENZ 媒质的介电函数由德鲁德模型描述，等离子振荡频率 $f_p = 5.05$ GHz。ENZ 媒质的面积为 $0.25\lambda_p \times 2.27\lambda_p$，$\lambda_p$ 为频率 f_p 的电磁波自由空间波长。掺杂异质体 $D_1 \sim D_4$ 的尺寸分别为 $0.117\lambda_p \times$

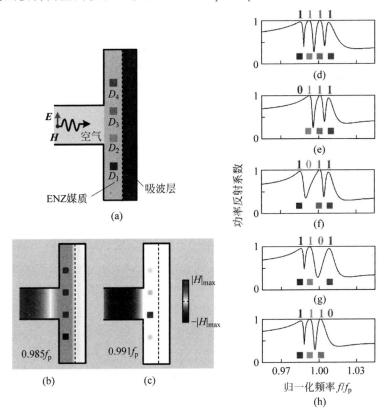

图 5.15　基于多光学掺杂的无源识别标签应用（前附彩图）

（a）基于光学掺杂的无源识别标签的二维结构图；（b）标签低反射率状态时的磁场分布；
（c）标签高反射率状态时的磁场分布；（d）编码"1111"对应的反射谱；（e）编码"0111"
对应的反射谱；（f）编码"1011"对应的反射谱；（g）编码"1101"对应的反射谱；
（h）编码"1110"对应的反射谱

$0.117\lambda_p$、$0.117\lambda_p\times0.114\lambda_p$、$0.117\lambda_p\times0.112\lambda_p$、$0.117\lambda_p\times0.110\lambda_p$。掺杂 ENZ 媒质低反射状态下的磁场分布如图 5.15(b)所示,此时掺杂 ENZ 媒质等效为与外界阻抗匹配的 EMNZ 媒质;高反射状态下的磁场分布如图 5.15(c)所示,此时掺杂 ENZ 媒质等效为理想磁导体,完全反射电磁波。这里需强调,每个反射极大值点只与一个特定的掺杂异质体相关。这里将引入一个掺杂异质体且在其谐振频率上形成反射极大值点,记作状态"1";反之,若该掺杂异质体不存在,则该频率上无强反射,记作状态"0"。因此,ENZ 媒质中包含掺杂异质体的情况可映射成 0-1 信息序列,并在反射谱上表现出来。展示 5 种 ENZ 媒质中的掺杂异质体组合:$\{D_1,D_2,D_3,D_4\}$、$\{D_2,D_3,D_4\}$、$\{D_1,D_3,D_4\}$、$\{D_1,D_2,D_4\}$、$\{D_1,D_2,D_3\}$,对应的功率反射系数谱如图 5.15(d)~(h)所示,相应的信息序列为$\{1,1,1,1\}$、$\{0,1,1,1\}$、$\{1,0,1,1\}$、$\{1,1,0,1\}$、$\{1,1,1,0\}$。由于波导等效 ENZ 媒质在太赫兹波段依然保持极低的损耗,因此所提出的识别标签结构可以工作在从低频到太赫兹的广阔频段。

5.5　本章小结

本章将 ENZ 媒质的光学掺杂理论从单个掺杂异质体情形推广到了多个掺杂异质体情形,建立了刻画多掺杂 ENZ 媒质等效磁导率的理论。本章首先回顾了常规耦合谐振器的基本性质。当谐振器间距较小,两者的谐振模式将发生耦合,谐振频率将发生偏移。与放置在常规媒质中的谐振器不同,ENZ 背景中的多掺杂异质体在谐振时是无耦合的,掺杂异质体的谐振频率与异质体的空间排布、ENZ 背景媒质的形状均无关。掺杂异质体的无耦合特性根本上来源于 ENZ 媒质中的磁场均匀性;当一个掺杂异质体谐振时,ENZ 背景中的磁场处处为零,从而屏蔽了不同异质体间的相互作用。

进一步,本章从解析理论、数值仿真、实验的角度阐述并验证了多掺杂 ENZ 媒质的等效磁导率具有梳状的色散响应。当加入 N 个不同的掺杂异质体,即可形成 N 个交替分布的磁导率零点与极点;每个极点对应于某个特定掺杂异质体的谐振。由于掺杂异质体间的无耦合特性,等效磁导率函数的每个极点均可独立调控。基于此,本书提出了色散编码的概念,即对掺杂 ENZ 媒质的色散响应进行多比特式的切换和控制。作为实例,本书介绍了色散编码概念在可重构梳状滤波器、新型识别标签方面的应用。ENZ 媒质中掺杂异质体的无耦合性质显著提升了色散调控的灵活性,对微波、毫米波乃至太赫兹波段的选频滤波器件设计具有重要价值。

第6章 总结与展望

6.1 本书工作创新点

本书针对 ENZ 媒质及其光学掺杂调控展开研究,提出了集成化、低损耗的 ENZ 媒质及光学掺杂的理论与实现方案,并基于近零折射率特性与光学掺杂电磁调控实现了一系列电路与天线领域的关键应用。本书的主要创新点可以总结为三个方面:①基础理论与平台方面:提出了集成光学掺杂的理论与基础平台,解决了近零折射率媒质与光学掺杂的损耗问题与平面集成问题。②工程应用方面:开发了基于集成光学掺杂的电路与天线应用,将近零折射率媒质的独特性质与集成光学掺杂的高效电磁调控引入工程实践,在器件的几何结构灵活性、功能可操控性上相较于传统设计有质的提升。③理论与应用的进一步拓展:将光学掺杂理论从单一掺杂异质体情形拓展至多掺杂异质体情形,提出色散编码的理论与应用,实现与单元排布无关的超构媒质新范式。三个方面的创新点具体阐述如下:

低损耗、集成化的 ENZ 媒质及光学掺杂实现方案。针对近零折射率媒质与光学掺杂面临的高损耗、难以集成的困难,本书提出了集成光学掺杂的基础理论与平台。本书工作基于基片集成波导的结构色散与矩形异质体掺杂,实现了无等离子体损耗、易于平面集成的光学掺杂 ENZ 媒质。通过本征模式展开与格林函数方法,本书给出了严格的集成光学掺杂等效磁导率调控理论。集成光学掺杂实现了等效磁导率从零至无穷的连续调控,且工作频率可在微波、毫米波、太赫兹等广阔频段灵活选择,为近零折射率媒质的片上实现与应用提供了坚实的理论基础与平台。

几何无关的 ENZ 波导电路与"空频解耦"天线。基于集成光学掺杂理论,本书将 ENZ 媒质的空间场均匀、几何无关特性与光学掺杂"以点控全局"的电磁调控功能引入高频电路与天线应用中。电路设计方面,提出并实现了可任意弯折的波导传输线——"电纤"、电抗值可灵活设计的高频集总元件、几何结构灵活的功率分配网络。天线设计方面,提出了几何无关的波导等效 ENZ 天线,实现天线空间结构与谐振频率的独立设计,即实现了"空频解耦"设计。将光学掺杂引入波导等效 ENZ 天线中,实现了对天线的场模式及辐射方向图的高效调控。这些新型电磁器件在功能需求、应用场景更加多样化的 5G、6G 无线通信中具有广阔的应用前景。

多掺杂异质体无耦合效应的发掘及应用。按照从"单体"到"多体"的研究思路,本书将光学掺杂理论从单一掺杂异质体情形拓展到了多个掺杂异质体情形,揭示了多个光学掺杂异质体间的无耦合效应。本书提出了解释掺杂异质体无耦合效应的理论,与经典的耦合谐振器理论形成对照。进一步,本书通过理论和实验证明:包含多个掺杂异质体的 ENZ 媒质具有多谐振的梳状色散响应,且每个谐振由一个特定的掺杂异质体单独决定。因此,本书提出了"色散编码"的概念与应用,在多个频率上对掺杂 ENZ 媒质的色散响应进行比特式(0/1)的调控。本书指出,在传统的周期性电磁超构媒质中,单元排列方式及间距密切影响超构媒质的整体响应;而掺杂 ENZ 媒质的整体响应与掺杂异质体的空间排布完全无关,从而实现了一种非周期的、与单元排布无关的超构媒质范式,对电磁理论和工程应用具有深远意义。

6.2　未来工作展望

本书提出了近零折射媒质集成光学掺杂的概念,建立了基片上磁导率调控的基本理论,搭建了低损耗、集成化的实现平台,探索开发了集成光学掺杂在电路与天线领域的系列应用。为进一步深入开展近零折射率媒质及光学掺杂方面的研究,并使得工程应用更加系统化,未来工作可以考虑从如下几个方面展开。

(1)进一步降低近零折射率媒质及光学掺杂的损耗。由于 ENZ 响应往往在等离子体振荡或人工结构谐振时出现,面临着带宽窄、损耗大的问题。本书利用波导和基片集成波导等效实现 ENZ 媒质,避免了等离子体损耗。然而,由于介质基板、陶瓷掺杂物等方面引入的损耗,基于集成光学掺杂的 ENZ 器件的效率受到一定影响。为提升器件效率,未来工作可使用空气腔体等效 ENZ 响应,避免介质基板损耗。更进一步,可探索分布式的光学掺杂方案,避免电磁场在很小的体积内被高度束缚,从而降低器件对材料损耗的敏感性。宽带 ENZ 媒质及光学掺杂效应也是未来的研究方向之一。寻找色散更加平缓的导波结构,是实现大带宽的等效 ENZ 响应的可能途径。最后,是否可以从物理因果律等基本条件出发,给出光学掺杂的 ENZ

媒质的带宽极限,是一个具有理论价值的问题。

（2）进一步改进集成光学掺杂的实现方案和加工工艺,实现光学掺杂 ENZ 媒质的单层一体化加工,为大规模应用降低成本。本书工作中,集成光学掺杂结构原型的加工基于印制电路板（PCB）工艺。PCB 工艺的精度可达 0.1 mm 左右,在微波频段可以较好地适用。为了在毫米波、太赫兹等更高的频段实现高精度加工,未来可考虑使用低温共烧陶瓷（LTCC）、硅基微机电系统（MEMS）等更先进的工艺实现波导等效 ENZ 媒质及集成光学掺杂结构。结合新型工艺,实现光学掺杂的高效机械、电控可重构,也是一个有待突破的关键方向。

（3）进一步推进集成光学掺杂应用的系统化。在电路应用方面,本书已提出基于 ENZ 媒质及光学掺杂的新型无源器件设计方案,未来可考虑将近零折射率特性及集成光学掺杂调控引入有源器件的设计中,实现波导集成的高效率功率放大器、混频器、电磁开关等器件。在天线应用方面,下一步可考虑在柔性电路平台上实现波导等效 ENZ 天线,充分发挥其工作频率与几何结构无关的优势。最后,考虑将波导等效 ENZ 天线与电路进行一体化设计,将其灵活可调控的辐射特性引入无线终端应用中。

参 考 文 献

[1] MAXWELL J C. A dynamical theory of the electromagnetic field[J]. Philosophical transactions of the Royal Society of London,1865 (155): 459-512.

[2] RAUTIO J C. The long road to Maxwell's equations[J]. IEEE Spectrum,2014, 51(12): 36-56.

[3] ENGHETA N. 150 years of Maxwell's equations[J]. Science,2015,349(6244): 136-137.

[4] AGIWAL M,ROY A,SAXENA N. Next generation 5G wireless networks: A comprehensive survey[J]. IEEE Communications Surveys & Tutorials, 2016, 18(3): 1617-1655.

[5] ANDREWS J G,BUZZI S,CHOI W,et al. What will 5G be? [J]. IEEE Journal on Selected Areas in Communications,2014,32(6): 1065-1082.

[6] CUI T J,SMITH D R,LIU R. Metamaterials[M]. Boston,USA: Springer,2010.

[7] CAI W,SHALAEV V M. Optical metamaterials[M]. New York,USA: Springer,2010.

[8] ZHELUDEV N I,KIVSHAR Y S. From metamaterials to metadevices[J]. Nature Materials,2012,11(11): 917-924.

[9] PENDRY J B,SCHURIG D,SMITH D R. Controlling electromagnetic fields[J]. Science,2006,312(5781): 1780-1782.

[10] ENGHETA N. Pursuing near-zero response[J]. Science,2013,340(6130): 286-287.

[11] KINSEY N,DEVAULT C,BOLTASSEVA A,et al. Near-zero-index materials for photonics[J]. Nature Reviews Materials,2019,4(12): 742-760.

[12] LIBERAL I,ENGHETA N. Near-zero refractive index photonics [J]. Nature Photonics,2017,11(3): 149-158.

[13] LIBERAL I,ENGHETA N. The rise of near-zero-index technologies[J]. Science, 2017,358(6370): 1540-1541.

[14] ENOCH S,TAYEB G,SABOUROUX P,et al. A metamaterial for directive emission[J]. Physical Review Letters,2002,89(21): 213902.

[15] LOVAT G,BURGHIGNOLI P,CAPOLINO F,et al. Analysis of directive radiation from a line source in a metamaterial slab with low permittivity[J]. IEEE Transactions on Antennas and Propagation,2006,54(3): 1017-1030.

[16] ZHONG S,HE S. Ultrathin and lightweight microwave absorbers made of mu-near-zero metamaterials[J]. Scientific Reports,2013,3(1): 1-5.

[17] JIANG H,LIU W,YU K,et al. Experimental verification of loss-induced field enhancement and collimation in anisotropic μ-near-zero metamaterials [J]. Physical Review B,2015,91(4): 045302.

[18] MAHMOUD A M,ENGHETA N. Wave-matter interactions in epsilon-and-mu-

near-zero structures[J]. Nature Communications,2014,5(1): 1-7.

[19] SILVEIRINHA M,ENGHETA N. Design of matched zero-index metamaterials using nonmagnetic inclusions in epsilon-near-zero media[J]. Physical Review B, 2007,75(7): 075119.

[20] LIBERAL I,MAHMOUD A M,LI Y,et al. Photonic doping of epsilon-near-zero media[J]. Science,2017,355(6329): 1058-1062.

[21] JAVANI M H,STOCKMAN M I. Real and imaginary properties of epsilon-near-zero materials[J]. Physical Review Letters,2016,117(10): 107404.

[22] KHURGIN J B. How to deal with the loss in plasmonics and metamaterials[J]. Nature Nanotechnology,2015,10(1): 2-6.

[23] KHURGIN J B,BOLTASSEVA A. Reflecting upon the losses in plasmonics and metamaterials[J]. MRS Bulletin,2012,37(8): 768-779.

[24] LEE T H. Planar microwave engineering: A practical guide to theory,measurement, and circuits[M]. [S. l.]: Cambridge University Press,2004.

[25] CRUICKSHANK D B. Microwave material applications: Device miniaturization and integration[M]. [S. l.]: Artech House,2016.

[26] HUNSPERGER R G. Integrated optics[M]. Berlin,Heidelberg: Springer Verlag, 1995.

[27] VESELAGO V G. Electrodynamics of substances with simultaneously negative electrical and magnetic permeabilities[J]. Soviet Physics Uspekhi,1968,10(4): 504-509.

[28] SMITH D R, PADILLA W J, VIER D C, et al. Composite medium with simultaneously negative permeability and permittivity [J]. Physical Review Letters,2000,84(18): 4184.

[29] SHELBY R A,SMITH D R,SCHULTZ S. Experimental verification of a negative index of refraction [J]. Science,2001,292(5514): 77-79.

[30] YAO J,LIU Z,LIU Y,et al. Optical negative refraction in bulk metamaterials of nanowires[J]. Science,2008,321(5891): 930.

[31] VALENTINE J, ZHANG S, ZENTGRAF T, et al. Three-dimensional optical metamaterial with a negative refractive index[J]. Nature,2008,455(7211): 376-379.

[32] SCHURIG D,MOCK J J,JUSTICE B J,et al. Metamaterial electromagnetic cloak at microwave frequencies[J]. Science,2006,314(5801): 977-980.

[33] PENDRY J B. Negative refraction makes a perfect lens [J]. Physical Review Letters,2000,85(18): 3966.

[34] LIU Z,LEE H,XIONG Y, et al. Far-field optical hyperlens magnifying sub-diffraction-limited objects[J]. Science,2007,315(5819): 1686.

[35] LANDY N I,SAJUYIGBE S,MOCK J J,et al. Perfect metamaterial absorber[J]. Physical Review Letters,2008,100(20): 207402.

[36] YU N，GENEVET P，KATS M A，et al. Light propagation with phase discontinuities：Generalized laws of reflection and refraction[J]. Science，2011，334(6054)：333-337.

[37] CHEN H T，TAYLOR A J，YU N. A review of metasurfaces：Physics and applications[J]. Reports on Progress in Physics，2016，79(7)：076401.

[38] QUEVEDO-TERUEL O，CHEN H，DÍAZ-RUBIO A，et al. Roadmap on metasurfaces[J]. Journal of Optics，2019，21(7)：073002.

[39] SHALTOUT A M，KINSEY N，KIM J，et al. Development of optical metasurfaces：Emerging concepts and new materials[J]. Proceedings of the IEEE，2016，104(12)：2270-2287.

[40] GAO L H，CHENG Q，YANG J，et al. Broadband diffusion of terahertz waves by multi-bit coding metasurfaces[J]. Light：Science & Applications，2015，4(9)：e324.

[41] CUI T J，QI M Q，WAN X，et al. Coding metamaterials，digital metamaterials and programmable metamaterials[J]. Light：Science & applications，2014，3(10)：e218.

[42] CHEN K，FENG Y，MONTICONE F，et al. A reconfigurable active Huygens' metalens[J]. Advanced Materials，2017，29(17)：1606422.

[43] YU Y F，ZHU A Y，PANIAGUA-DOMÍNGUEZ R，et al. High-transmission dielectric metasurface with 2π phase control at visible wavelengths[J]. Laser & Photonics Reviews，2015，9(4)：412-418.

[44] YAO Y，SHANKAR R，KATS M A，et al. Electrically tunable metasurface perfect absorbers for ultrathin mid-infrared optical modulators[J]. Nano Letters，2014，14(11)：6526-6532.

[45] ZHOU Z，CHEN K，ZHAO J，et al. Metasurface Salisbury screen：Achieving ultra-wideband microwave absorption[J]. Optics Express，2017，25(24)：30241.

[46] POZAR D M. Microwave engineering[M]. [S. l.]：John Wiley & Sons，2012.

[47] 梁昌洪，谢拥军，官伯然. 简明微波[M]. 北京：高等教育出版社，2006.

[48] BALANIS C A. Antenna theory：Analysis and design (4th ed)[M]. [S. l.]：John Wiley & Sons，2016.

[49] KRAUS J D，MARHEFKA R J. Antennas：For all applications (3rd ed)[M]. [S. l.]：McGraw-Hill，2001.

[50] BORN M，WOLF E. Principles of optics：Electromagnetic theory of propagation，interference and diffraction of light[M]. [S. l.]：Elsevier，2013.

[51] SORGER V J，OULTON R F，YAO J，et al. Plasmonic fabry-pérot nanocavity [J]. Nano Letters，2009，9(10)：3489-3493.

[52] LIBERAL I，MAHMOUD A M，Engheta N. Geometry-invariant resonant cavities [J]. Nature Communications，2016，7(1)：1-7.

[53] SILVEIRINHA M G, ENGHETA N. Tunneling of electromagnetic energy through subwavelength channels and bends using ε-near-zero materials[J]. Physical Review Letters, 2006, 97(15): 157403.

[54] EDWARDS B, ALÙ A, SILVEIRINHA M G, et al. Reflectionless sharp bends and corners in waveguides using epsilon-near-zero effects[J]. Journal of Applied Physics, 2009, 105(4): 044905.

[55] SILVEIRINHA M G, ENGHETA N. Theory of supercoupling, squeezing wave energy, and field confinement in narrow channels and tight bends using ε near-zero metamaterials[J]. Physical Review B, 2007, 76(24): 245109.

[56] ALU A, ENGHETA N. Dielectric sensing in ε-near-zero narrow waveguide channels[J]. Physical Review B, 2008, 78(4): 045102.

[57] MITROVIC M, JOKANOVIC B, VOJNOVIC N. Wideband tuning of the tunneling frequency in a narrowed epsilon-near-zero channel[J]. IEEE Antennas and Wireless Propagation Letters, 2013, 12: 631-634.

[58] MARCOS J S, SILVEIRINHA M G, ENGHETA N. μ-near-zero supercoupling [J]. Physical Review B, 2015, 91(19): 195112.

[59] MAIER S A. Plasmonics: Fundamentals and applications[M]. New York, USA: Springer, 2007.

[60] WEST P R, ISHII S, NAIK G V, et al. Searching for better plasmonic materials [J]. Laser & Photonics Reviews, 2010, 4(6): 795-808.

[61] ORDAL M A, BELL R J, ALEXANDER R W, et al. Optical properties of fourteen metals in the infrared and far infrared: Al, Co, Cu, Au, Fe, Pb, Mo, Ni, Pd, Pt, Ag, Ti, V, and W[J]. Applied Optics, 1985, 24(24): 4493-4499.

[62] NAIK G V, KIM J, BOLTASSEVA A. Oxides and nitrides as alternative plasmonic materials in the optical range[J]. Optical Materials Express, 2011, 1(6): 1090-1099.

[63] LOGOTHETIDIS S, ALEXANDROU I, STOEMENOS J. In-situ spectroscopic ellipsometry to control the growth of Ti nitride and carbide thin films[J]. Applied Surface Science, 1995, 86(1-4): 185-189.

[64] OU J Y, SO J K, ADAMO G, et al. Ultraviolet and visible range plasmonics in the topological insulator $Bi_{1.5}Sb_{0.5}Te_{1.8}Se_{1.2}$ [J]. Nature Communications, 2014, 5(1): 1-7.

[65] BOLTASSEVA A, ATWATER H A. Low-loss plasmonic metamaterials[J]. Science, 2011, 331(6015): 290-291.

[66] CHENG Q, LIU R, HUANG D, et al. Circuit verification of tunneling effect in zero permittivity medium[J]. Applied Physics Letters, 2007, 91(23): 234105.

[67] LIU R, CHENG Q, HAND T, et al. Experimental demonstration of electromagnetic tunneling through an epsilon-near-zero metamaterial at microwave frequencies[J].

Physical Review Letters,2008,100(2): 023903.

[68] ROTMAN W. Plasma simulation by artificial dielectrics and parallel-plate media [J]. IRE Transactions on Antennas and Propagation,1962,10(1): 82-95.

[69] RESHEF O,CAMAYD-MUÑOZ P, VULIS D I, et al. Direct observation of phase-free propagation in a silicon waveguide[J]. ACS Photonics,2017,4(10): 2385-2389.

[70] VESSEUR E J R,COENEN T,CAGLAYAN H,et al. Experimental verification of n=0 structures for visible light[J]. Physical Review Letters,2013,110(1): 013902.

[71] SILVEIRINHA M G, ALÙ A, ENGHETA N. Parallel-plate metamaterials for cloaking structures[J]. Physical Review E,2007,75(3): 036603.

[72] DELLA GIOVAMPAOLA C,ENGHETA N. Plasmonics without negative dielectrics [J]. Physical Review B,2016,93(19): 195152.

[73] PACKARD K S. The origin of waveguides: A case of multiple rediscovery[J]. IEEE Transactions on Microwave Theory and Techniques,1984,32(9): 961-969.

[74] HUANG X,LAI Y,HANG Z H,et al. Dirac cones induced by accidental degeneracy in photonic crystals and zero-refractive-index materials [J]. Nature Materials, 2011, 10(8): 582-586.

[75] MOITRA P,YANG Y,ANDERSON Z,et al. Realization of an all-dielectric zero-index optical metamaterial[J]. Nature Photonics,2013,7(10): 791-795.

[76] LI Y,KITA S,MUÑOZ P, et al. On-chip zero-index metamaterials[J]. Nature Photonics,2015,9(11): 738-742.

[77] DONG T,LIANG J,CAMAYD-MUÑOZ S, et al. Ultra-low-loss on-chip zero-index materials[J]. Light: Science & Applications,2021,10(1): 1-9.

[78] LIN Z,CHRISTAKIS L,LI Y,et al. Topology-optimized dual-polarization Dirac cones[J]. Physical Review B,2018,97(8): 081408.

[79] WU Y. A semi-Dirac point and an electromagnetic topological transition in a dielectric photonic crystal[J]. Optics Express,2014,22(2): 1906-1917.

[80] MAAS R,PARSONS J,ENGHETA N, et al. Experimental realization of an epsilon-near-zero metamaterial at visible wavelengths [J]. Nature Photonics, 2013,7(11): 907-912.

[81] SELVANAYAGAM M,ELEFTHERIADES G V. Negative-refractive-index transmission lines with expanded unit cells[J]. IEEE Transactions on Antennas and Propagation,2008, 56(11): 3592-3596.

[82] NAVARRO-CÍA M,BERUETE M,SOROLLA M, et al. Lensing system and Fourier transformation using epsilon-near-zero metamaterials[J]. Physical Review B,2012,86(16): 165130.

[83] CHENG Q,JIANG W X,CUI T J. Spatial power combination for omnidirectional

radiation via anisotropic metamaterials [J]. Physical Review Letters, 2012, 108(21): 213903.

[84] PACHECO-PEÑA V, TORRES V, ORAZBAYEV B, et al. Mechanical 144 GHz beam steering with all-metallic epsilon-near-zero lens antenna[J]. Applied Physics Letters, 2014, 105(24): 243503.

[85] LIBERAL I, ENGHETA N. Manipulating thermal emission with spatially static fluctuating fields in arbitrarily shaped epsilon-near-zero bodies[J]. Proceedings of the National Academy of Sciences, 2018, 115(12): 2878-2883.

[86] ENOCH S, TAYEB G, SABOUROUX P, et al. A metamaterial for directive emission[J]. Physical Review Letters, 2002, 89(21): 213902.

[87] LOVAT G, BURGHIGNOLI P, CAPOLINO F, et al. Analysis of directive radiation from a line source in a metamaterial slab with low permittivity[J]. IEEE Transactions on Antennas and Propagation, 2006, 54(3): 1017-1030.

[88] ARGYROPOULOS C, CHEN P Y, D'AGUANNO G, et al. Boosting optical nonlinearities in ε-near-zero plasmonic channels[J]. Physical Review B, 2012, 85(4): 045129.

[89] CAPRETTI A, WANG Y, ENGHETA N, et al. Comparative study of second-harmonic generation from epsilon-near-zero indium tin oxide and titanium nitride nanolayers excited in the near-infrared spectral range[J]. ACS Photonics, 2015, 2(11): 1584-1591.

[90] ALAM M Z, DE LEON I, BOYD R W. Large optical nonlinearity of indium tin oxide in its epsilon-near-zero region[J]. Science, 2016, 352(6287): 795-797.

[91] YANG Y, LU J, MANJAVACAS A, et al. High-harmonic generation from an epsilon-near-zero material[J]. Nature Physics, 2019, 15(10): 1022-1026.

[92] BELOV P A, MARQUES R, Maslovski S I, et al. Strong spatial dispersion in wire media in the very large wavelength limit[J]. Physical Review B, 2003, 67(11): 113103.

[93] DAVOYAN A R, MAHMOUD A M, ENGHETA N. Optical isolation with epsilon-near-zero metamaterials[J]. Optics Express, 2013, 21(3): 3279-3286.

[94] ENGHETA N, SALANDRINO A, ALU A. Circuit elements at optical frequencies: Nanoinductors, nanocapacitors, and nanoresistors [J]. Physical Review Letters, 2005, 95(9): 095504.

[95] ENGHETA N. Circuits with light at nanoscales: Optical nanocircuits inspired by metamaterials[J]. Science, 2007, 317(5845): 1698-1702.

[96] ALÙ A, ENGHETA N. All optical metamaterial circuit board at the nanoscale [J]. Physical Review Letters, 2009, 103(14): 143902.

[97] EDWARDS B, ENGHETA N. Experimental verification of displacement-current conduits in metamaterials-inspired optical circuitry[J]. Physical Review Letters, 2012, 108(19): 193902.

[98] LI Y，LIBERAL I，DELLA GIOVAMPAOLA C，et al. Waveguide metatronics：Lumped circuitry based on structural dispersion[J]. Science Advances，2016，2(6)：e1501790.

[99] ALÙ A，ENGHETA N. Boosting molecular fluorescence with a plasmonic nanolauncher[J]. Physical Review Letters，2009，103(4)：043902.

[100] FLEURY R，ALÙ A. Enhanced superradiance in epsilon-near-zero plasmonic channels[J]. Physical Review B，2013，87(20)：201101.

[101] SILVEIRINHA M G. Trapping light in open plasmonic nanostructures [J]. Physical Review A，2014，89(2)：023813.

[102] LI L S，ZHANG J，WANG C，et al. Optical bound states in the continuum in a single slab with zero refractive index[J]. Physical Review A，2017，96(1)：013801.

[103] LIBERAL I，ENGHETA N. Nonradiating and radiating modes excited by quantum emitters in open epsilon-near-zero cavities[J]. Science Advances，2016，2(10)：e1600987.

[104] LIBERAL I，ENGHETA N. Zero-index structures as an alternative platform for quantum optics[J]. Proceedings of the National Academy of Sciences，2017，114(5)：822-827.

[105] SEEGER K. Semiconductor physics[M]. [S. l.]：Springer Science & Business Media，2013.

[106] LIBERAL I，LI Y，ENGHETA N. Reconfigurable epsilon-near-zero metasurfaces via photonic doping[J]. Nanophotonics，2018，7(6)：1117-1127.

[107] NAHVI E，LIBERAL I，ENGHETA N. Nonperturbative effective magnetic nonlinearity in ENZ media doped with Kerr dielectric inclusions [J]. ACS Photonics，2019，6(11)：2823-2831.

[108] LUO J，LIU B，HANG Z H，et al. Coherent perfect absorption via photonic doping of zero-index media[J]. Laser & Photonics Reviews，2018，12(8)：1800001.

[109] LIBERAL I，ENGHETA N. Multiqubit subradiant states in n-port waveguide devices：ϵ-and-μ-near-zero hubs and nonreciprocal circulators [J]. Physical Review A，2018，97(2)：022309.

[110] LUO J，HANG Z H，CHAN C T，et al. Unusual percolation threshold of electromagnetic waves in double-zero medium embedded with random inclusions[J]. Laser & Photonics Reviews，2015，9(5)：523-529.

[111] COPPOLARO M，MOCCIA M，CASTALDI G，et al. Non-Hermitian doping of epsilon-near-zero media[J]. Proceedings of the National Academy of Sciences，2020，117(25)：13921-13928.

[112] MALLÉJAC M，MERKEL A，TOURNAT V，et al. Doping of a plate-type acoustic metamaterial[J]. Physical Review B，2020，102(6)：060302.

[113] DESLANDES D，WU K. Integrated microstrip and rectangular waveguide in

planar form[J]. IEEE Microwave and Wireless Components Letters, 2001, 11(2): 68-70.

[114] HIROKAWA J, ANDO M. Single-layer feed waveguide consisting of posts for plane TEM wave excitation in parallel plates[J]. IEEE Transactions on Antennas and Propagation, 1998, 46(5): 625-630.

[115] CASSIVI Y, PERREGRINI L, ARCIONI P, et al. Dispersion characteristics of substrate integrated rectangular waveguide[J]. IEEE Microwave and Wireless components letters, 2002, 12(9): 333-335.

[116] LI H, HONG W, CUI T J, et al. Propagation characteristics of substrate integrated waveguide based on LTCC[C]//IEEE MTT-S International Microwave Symposium Digest. [S. l.]: IEEE, 2003, 3: 2045-2048.

[117] 郝张成. 基片集成波导技术的研究[D]. 南京: 东南大学, 2006.

[118] 罗国清. 基片集成频率选择表面的研究[D]. 南京: 东南大学, 2007.

[119] CHENG Y J. Substrate integrated antennas and arrays[M]. [S. l.]: CRC Press, 2018.

[120] XU X, BOSISIO R G, WU K. A new six-port junction based on substrate integrated waveguide technology[J]. IEEE Transactions on Microwave Theory and Techniques, 2005, 53(7): 2267-2273.

[121] ABDOLHAMIDI M, SHAHABADI M. X-band substrate integrated waveguide amplifier[J]. IEEE Microwave and Wireless Components Letters, 2008, 18(12): 815-817.

[122] HAO Z C, HONG W, CHEN X P, et al. Multilayered substrate integrated waveguide (MSIW) elliptic filter[J]. IEEE Microwave and wireless components letters, 2005, 15(2): 95-97.

[123] CHENG Y J, HONG W, WU K. Millimeter-wave substrate integrated waveguide multibeam antenna based on the parabolic reflector principle[J]. IEEE Transactions on Antennas and Propagation, 2008, 56(9): 3055-3058.

[124] LI Y, CHEN Z N, QING X, et al. Axial ratio bandwidth enhancement of 60-GHz substrate integrated waveguide-fed circularly polarized LTCC antenna array[J]. IEEE Transactions on Antennas and Propagation, 2012, 60(10): 4619-4626.

[125] HE Y, LI Y, ZHU L, et al. Waveguide dispersion tailoring by using embedded impedance surfaces[J]. Physical Review Applied, 2018, 10(6): 064024.

[126] COLLIN R E. Field theory of guided waves[M]. [S. l.]: John Wiley & Sons, 1990.

[127] 梁昆淼, 刘法, 缪国庆, 等. 数学物理方法[M]. 5 版. 北京: 高等教育出版社, 2020.

[128] WILSON J S. Sensor technology handbook[M]. [S. l.]: Elsevier, 2004.

[129] LIU C, DUTTON Z, BEHROOZI C H, et al. Observation of coherent optical

information storage in an atomic medium using halted light pulses[J]. Nature, 2001,409(6819): 490-493.

[130] OLINER A A, LEE K S. The nature of the leakage from higher modes on microstrip line[C]//1986 IEEE MTT-S International Microwave Symposium Digest. [S. l.]: IEEE, 1986: 57-60.

[131] NIEHENKE E C, PUCEL R A, BAHL I J. Microwave and millimeter-wave integrated circuits[J]. IEEE Transactions on Microwave Theory and Techniques, 2002,50(3): 846-857.

[132] CAIGNET F, DELMAS-BENDHIA S, SICARD E. The challenge of signal integrity in deep-submicrometer CMOS technology [J]. Proceedings of the IEEE, 2001,89(4): 556-573.

[133] KLIMOV V I, MIKHAILOVSKY A A, XU S, et al. Optical gain and stimulated emission in nanocrystal quantum dots[J]. Science, 2000,290(5490): 314-317.

[134] LARHED M, MOBERG C, HALLBERG A. Microwave-accelerated homogeneous catalysis in organic chemistry[J]. Accounts of Chemical Research, 2002, 35 (9): 717-727.

[135] RUSSELL K J. Microwave power combining techniques[J]. IEEE Transactions on microwave theory and techniques, 1979, 27(5): 472-478.

[136] CHANG K, SUN C. Millimeter-wave power-combining techniques [J]. IEEE Transactions on Microwave Theory Techniques, 1983, 31: 91-107.

[137] FATHY A E, LEE S W, KALOKITIS D. A simplified design approach for radial power combiners[J]. IEEE Transactions on Microwave Theory and Techniques, 2006,54(1): 247-255.

[138] SONG K, FAN Y, ZHOU X. Broadband millimetre-wave passive spatial combiner based on coaxial waveguide[J]. IET Microwaves, Antennas & Propagation, 2009, 3(4): 607-613.

[139] SONG K, FAN Y, ZHANG Y. Eight-way substrate integrated waveguide power divider with low insertion loss[J]. IEEE Transactions on Microwave Theory and Techniques, 2008,56(6): 1473-1477.

[140] DE VILLIERS D I L, VAN DER WALT P W, MEYER P. Design of conical transmission line power combiners using tapered line matching sections[J]. IEEE Transactions on Microwave Theory and Techniques, 2008, 56 (6): 1478-1484.

[141] CHU Q X, MO D Y, WU Q S. An isolated radial power divider via circular waveguide TE10-mode transducer[J]. IEEE Transactions on Microwave Theory and Techniques, 2015,63(12): 3988-3996.

[142] SUN L, YU K W. Strategy for designing broadband epsilon-near-zero metamaterials [J]. Journal of the Optical Society of America B, 2012,29(5): 984-989.

[143] LI Z, LIU Z, AYDIN K. Wideband zero-index metacrystal with high transmission at visible frequencies[J]. Journal of the Optical Society of America B,2017,34(7): D13-D17.

[144] FERESIDIS A P, VARDAXOGLOU J C. High gain planar antenna using optimised partially reflective surfaces [J]. IEEE Proceedings-Microwaves, Antennas and Propagation,2001,148(6): 345-350.

[145] CHANG L, LI Y, ZHANG Z, et al. Horizontally polarized omnidirectional antenna array using cascaded cavities[J]. IEEE Transactions on Antennas and Propagation,2016,64(12): 5454-5459.

[146] LIANG Z, LI Y, FENG X, et al. Microstrip magnetic monopole and dipole antennas with high directivity and a horizontally polarized omnidirectional pattern[J]. IEEE Transactions on Antennas and Propagation, 2018, 66 (3): 1143-1152.

[147] GARG R, BHARTIA P, BAHL I J, et al. Microstrip antenna design handbook [M]. [S. l.]: Artech house,2001.

[148] ZHANG K, LI D, CHANG K, et al. Electromagnetic theory for microwaves and optoelectronics[M]. Berlin: Springer,1998.

[149] HONG J S G, LANCASTER M J. Microstrip filters for RF/microwave applications[M]. [S. l.]: John Wiley & Sons,2004.

[150] LUK'YANCHUK B, ZHELUDEV N I, MAIER S A, et al. The Fano resonance in plasmonic nanostructures and metamaterials [J]. Nature Materials, 2010, 9(9): 707-715.

[151] FAN J A, WU C, BAO K, et al. Self-assembled plasmonic nanoparticle clusters [J]. Science,2010,328(5982): 1135-1138.

[152] PERRET E. Radio frequency identification and sensors: From RFID to chipless RFID[M]. [S. l.]: John Wiley & Sons,2014.

在学期间完成的相关学术成果

学术论文：

[1] **Zhou Z**,Li Y,Li H,et al. Substrate-integrated photonic doping for near-zero-index devices[J]. Nature Communications,2019,10(4132)：1-8.（SCI 收录,检索号：IW8BD,影响因子：17.764）

[2] **Zhou Z**,Li H,Sun W,et al. Dispersion coding of ENZ media via multiple photonic dopants[J]. Light：Science & Applications,2022,11(1)：207.（SCI 收录,检索号：2S2CE,影响因子：20.257）

[3] **Zhou Z**,Li Y,Nahvi E,et al. General impedance matching via doped epsilon-near-zero media[J]. Physical Review Applied,2020,13(3)：034005.（SCI 收录,检索号：KR9ZM,影响因子：4.985）

[4] **Zhou Z**,Li Y. Effective epsilon-near-zero（ENZ）antenna based on transverse cutoff mode[J]. IEEE Transactions on Antennas and Propagation,2019,67(4)：2289-2297.（SCI 收录,检索号：HS8YT,影响因子：4.388）

[5] **Zhou Z**,Li Y. A photonic-doping-inspired SIW antenna with length-invariant operating frequency[J]. IEEE Transactions on Antennas and Propagation,2020,68(7)：5151-5158.（SCI 收录,检索号：MH7TS,影响因子：4.388）

[6] **Zhou Z**,Li Y,He Y,et al. A slender Fabry-Perot antenna for high-gain horizontally polarized omnidirectional radiation［J］. IEEE Transactions on Antennas and Propagation,2021,69(1)：526-531.（SCI 收录,检索号：QU6MP,影响因子：4.388）

[7] **Zhou Z**,Li Y,et al. N-port equal/unequal split power dividers using epsilon-near-zero metamaterials[J]. IEEE Transactions on Microwave Theory and Techniques,2021,69(3)：1529-1537.（SCI 收录,检索号：QT4KJ,影响因子：3.599）

[8] **Zhou Z**,Li Y,Hu J,et al. Monostatic co-polarized simultaneous transmit and receive（STAR）antenna by integrated single-layer design[J]. IEEE Antennas and Wireless Propagation Letters,2019,18（3）：472-476.（SCI 收录,检索号：HO2PM,影响因子：3.834）

[9] **Zhou Z**,Li Y. An ENZ-inspired antenna with controllable double-difference radiation pattern［C］//2019 International Symposium on Antennas and Propagation（ISAP）. IEEE,2019：1-3.（EI 收录,检索号：20200608138855）

[10] 周子恒,李越. 基于近零指数超材料的频分复用信息传输[J]. 电波科学学报,2021,36(6)：1-7.（中文核心数据库收录）

[11] Qin X[†], Sun W[†], **Zhou Z**[†], et al. Waveguide effective plasmonics with structure dispersion[J]. Nanophotonics,2021.(SCI 收录,检索号：YC7MZ,影响因子：8.449,[†] 共同第一作者)

[12] Liu Z, **Zhou Z**, Li Y, et al. Integrated epsilon-near-zero antenna for omnidirectional radiation[J]. Applied Physics Letters,2021,119(15)：151904.(SCI 收录,检索号：XC0FF,影响因子：3.791)

[13] Li H, **Zhou Z**, Li Y. Length-irrelevant dual-polarized antenna based on anti-phase epsilon-near-zero mode[J]. IEEE Transactions on Antennas and Propagation, 2021.(SCI 收录,检索号：YG0OW,影响因子：4.388)

[14] He Y, Li Y, **Zhou Z**, et al. Wideband epsilon-near-zero supercoupling control through substrate-integrated impedance surface[J]. Advanced Theory and Simulations,2019, 2(8)：1900059.(SCI 收录,检索号：IN5VJ,影响因子：4.004)

[15] Hu Z, Chen C, **Zhou Z**, et al. An epsilon-near-zero-inspired PDMS substrate antenna with deformation-insensitive operating frequency[J]. IEEE Antennas and Wireless Propagation Letters,2020,19(9)：1591-1595.(SCI 收录,检索号：NM4LI,影响因子：3.834)

[16] Zhang W, Li Y, **Zhou Z**, et al. Dual-mode compression of dipole antenna by loading electrically small loop resonator[J]. IEEE Transactions on Antennas and Propagation,2019,68(4)：3243-3247.(SCI 收录,检索号：LF8XM,影响因子：4.388)

[17] Wang J, Li Y, Jiang Z H, Shi T, Tang M C, **Zhou Z**, Chen Z N, Qiu C W. Metantenna：When metasurface meets antenna again[J]. IEEE Transactions on Antennas and Propagation,2020,68(3)：1332-1347.(SCI 收录,检索号：LD5GJ, 影响因子：4.388)

专著：

[1] Li Y, **Zhou Z**, He Y, Li H. Epsilon-Near-Zero Metamaterials [M]. Cambridge University Press,2021.(ISBN：978-1-00912-441-6)

专利：

[1] 李越,**周子恒**,何翼景,孙旺宇.一种基于腔体局域场增强的高灵敏度磁导率传感器：中国,CN111551880B[P]. 2021-04-13.

致　　谢

从 2017 年清华园的初秋到 2022 年清华园的盛夏,五年博士研究生时光转瞬即逝。回首五年的研学旅程,那些导师悉心指导的场景、同门师兄弟并肩努力的日夜、自己思索探究良久而后豁然开朗的瞬间都历历在目。在此,我向一直引导、鼓励、陪伴我的老师、同窗好友、家人表达由衷的感谢,感谢你们一路来对我的支持与帮助。

首先,感谢我的博士生导师李越副教授。李老师在天线、微波电路、极限参数超构媒质领域具有很深的造诣。还记得初进课题组时,我面对未知的课题和挑战,常常感到茫然和恐惧。在李越老师的耐心指导下,我逐渐地建立起清晰的科研思路,逐步提高理论和实验水平,成长为一个可以独立承担研究工作的科研工作者。李越老师崇高的科研理想、开阔的科研视野、严谨的研究风格、踏实认真的工作态度、淡泊名利的精神,都对我产生了积极的影响。李越老师是我的榜样,是我前进道路上的航标。

而后,感谢张志军教授、李懋坤副教授、冯正和教授、杨帆教授、陈文华教授、杜正伟教授和许慎恒研究员为我的学习与科研提供的帮助和指导,各位老师对于各自专业领域的研究热情深深地影响并激励着我。感谢美国宾夕法尼亚大学的 Nader Engheta 教授、美国伊利诺伊大学芝加哥分校的 Pai-Yen Chen 教授、西班牙纳瓦拉公立大学的 Inigo Liberal 博士对我的研究提出的宝贵意见。感谢常乐、刘培钦、侯跃峰、张可、何翼景、孙旺宇等师兄在科研上给予我的帮助并为我树立了很好的榜样;感谢胡嘉栋、黎承蕾、郭睿、刘昕、唐隽文等同学,以及李昊、张永健、秦旭、付鹏宇、胡明哲、王述宇、张伟泉、张晓鹏、曹仲尧等师弟的帮助和陪伴。

最后,感谢父母的养育、照顾和支持,是你们不求回报的付出,让我有了前行的动力。感谢我的爱人刘玲一直以来的鼓励和理解,是你的陪伴,让我有不惧失败的勇气。

本书内容的充实及定稿工作在本人目前的工作单位福州大学物理与信息工程学院完成,并得到了国家自然科学基金项目(62301162)、福建省自然科学基金项目(2023J01058)及福州大学物信学院一流学科建设经费的支持,在此感谢福州大学、福建省科技厅、国家自然科学基金委的支持。